日本列島の自然と日本人

西野順也［著］

築地書館

序章

日本は緑の豊かな国である。国土の三分の二は森林だ。平地にも田畑の緑が絨毯のように広がっている。温暖で湿潤な気候は日本の国土に豊かな緑を育んでくれている。日本の森林は樹種が豊富である。シイやカシなどの照葉樹やサクラ、モミジやクリなどの落葉樹が四季折々の装いを見せてくれる。春になるとサクラは花を咲かせ、秋にはモミジが葉を彩らせる。このような変化に人々は季節の移ろいを感じ、歌に詠んできた。同時に、これらの自然は豊かな恵みを提供してくれた。田畑からは米や野菜が、森林からはクリやクルミの実や柿などの果実、ワラビやゼンマイ、キノコなどの林床植物、ウバユリ、ヤマイモ、タケノコなどの根茎類がとれた。これらの食料は日本人の生活を支えてきたのだ。

だからといって日本人は自然を大切にしてきたわけではない。生活するには火を焚く薪が必要だし、住居を建てるにも木材が必要だ。これらは森林から伐り出された。田畑を開発するためにも森林が伐り開かれた。森林の伐採が進み山が禿山同然だったこともある。もちろん、山から木を伐り出しても時間がたてば森林は自然の力によって復活する。祖先が農耕を始めた弥生時代以降、森林は常に人による伐採の圧力と自然の再生力との力関係の中にあった。万葉集に最も多く詠まれている樹木はハギである。

ハギは低木で、周りに高木が生い茂っている森林では目立たない木である。ハギが人目につくところに生えているということは周りの高木が伐り倒されていたことを示している。また、歌川広重の東海道五拾三次や葛飾北斎の富嶽三十六景を見ても、山に描かれている木はマツが多い。マツは森林が伐採された後、最初に生えてくる木である。万葉集が詠まれた飛鳥時代から奈良時代にかけてと、広重や北斎の絵が描かれた江戸時代後期は、日本の森林がかなり荒廃していたことを表している。

日本は島国である。海の外との交易が発達していない時代、祖先はあるもので生活するしかなかった。森林が荒廃し、土砂崩れや洪水などの災害が起こっても、大陸の民のようにその土地を捨て他の土地に移っていくことはできなかった。森林の回復を待ちながら、自然が与えてくれる恵みの範囲内で生きていくしかなかったのだ。幸い湿潤で温暖な気候に恵まれた日本の自然は生命力にあふれていた。しかし、恵み深い自然も時として猛威を振るう。大雨、暴風、旱魃など、猛烈な力を見せつけ、人々が営々と積み上げたものを一瞬にして無に帰してしまう。祖先は豊かだが不安定な自然に適応する努力を数千年積み重ねてきたのだ。その結果、自然に対する緻密な観察力と自然の変化に対する鋭敏な感受性、そして自然の驚異と奥深さに対する感覚が磨き上げられた。やがて、それは日本人特有の精霊信仰的な自然観を育んだ。万葉集巻三の、

土形娘子《ひぢかたのをとめ》を泊瀬《はつせ》の山に火葬《やきはぶ》る時に、柿本朝臣人麻呂が作る歌一首

こもりくの泊瀬の山の山の際《ま》にいさよふ雲は妹《いも》にかもあらむ

隠り処の泊瀬、この泊瀬の山の山あいに、行きもやらずにたゆとう雲、あれはわがいとしい人なのであろうか。（伊藤博訳注『万葉集』角川学芸出版）

と詠んだ人麻呂の関心は山あいに雲のように漂う魂にあり、亡骸には示されていない。万葉集には多くの挽歌が収められている。万葉人にとって大切なのはあくまでも魂の行方であり、山をとりまいている雲や霧に死者の魂がのぼっていくと考えられていた。

もともと日本語に英語の「Nature」に相当する言葉はなかった。明治時代にこの言葉が入ってきた時、日本語の「自然（あるがまま）」という言葉があてられた。西欧人は自然を人と対峙する物理的な対象として、また征服すべき対象としてとらえてきた。そのような態度が自然の摂理を発見し、科学技術の発展をもたらし、今の工業化社会を築いてきた。一方、日本人は人と自然を明確に区別していない。西欧人が思い描く自然と日本人の自然とは違うのである。豊かな自然環境の中で自然と一体となって暮らしてきた日本人にとって、自然を物理的な対象としてとらえる考え方は必要なかったのだ。日本人の思い描く自然とは周囲の山や川、森、さらにそこに植生している植物や動物であり、しかも、それらすべてのものに人と同じように魂が宿るとして心を通わせてきた。それは日本人の美意識にも表れている。日本庭園にしても、盆栽、山水画、自然を詠んだ和歌や俳句にしても、そこにあるのは自然を冷静に観察する人の姿ではなく、草木や花、鳥などとのふれあいを愉しむ人の姿である。

このような日本人特有の自然観はどのように育まれたのだろうか。祖先が自然に手を加え、自然と対峙しながらも折り合いをつけ共生する生活を始めたのは縄文時代、最終の氷河期が終わる一万数千年前である。平和で安定した採集狩猟生活は一万年以上も続き、縄文土器や土偶に代表される精神性豊かな縄文文化を築き上げた。しかし、現代の日本人はＤＮＡ分析によると他の地域に住む人々に比べて東南アジアから東北中国・朝鮮半島まで、混血性が非常に高い。縄文人の血はほとんど流れていないのだ。縄文時代末期の人口は全国でおよそ七万六〇〇〇人、しかも、稲作が伝来し主に伝播した近畿以西の人口は一万人足らずであった。それに対し、稲作に続いて伝わった金属器とともに大陸や朝鮮半島から渡ってきた人は弥生時代、古墳時代を通して一〇〇万人以上といわれている。縄文人は数で圧倒されてしまったのである。現代の私たちの生活の中に見る日本古来の食べ物や慣行、儀礼や神社の信仰は、水田稲作の起源である中国江南地方やそこから稲作が伝わった朝鮮半島の文化と、平地がほとんどない日本列島に暮らした土着の山の人々の文化の混淆だろう。

だが、岡本太郎は縄文時代の火焔土器に日本芸術の源流を見出したのである。岡本の鋭敏な感性は火焔土器に込められた縄文人の心性に日本文化の奥底に流れるものを感じ取ったにちがいない。それ以来、縄文文化に対する評価は見直され、今では縄文文化が基層となり、その上に弥生時代以降の文化が積み重なって日本文化が形成されたと考えられるようになってきた。

では、縄文人はどのような自然観を持っていたのだろうか。考古学者の小山修三は、縄文人の自然観として、縄文人は人間にとって特別に大切なもの、力のあるものをカミとして祀っており、カミを中心におき、人間も生き物も風、雨、太陽、月などの自然現象も精霊を祀ったカミをとりまく平等な存在とみなす、「円の発想」だと述べている。だから、人間はどんなものとでもお互いに友達同士になる。一種の精霊崇拝から生じたものだが、縄文人は自然界のすべてのものに畏怖、畏敬の念を持ち、尊敬と親しみを持って接していたのである。

角田忠信は、耳鼻科医として難聴の治療にあたるなかで日本人と外国人とで音を聞く時の脳の使い方に違いがあることを見出した。泣き、笑いなどの感情音、動物や虫などの鳴き声、小川のせせらぎ、波、風、雨などの自然音を聞く時、日本人は左脳（言語脳）で処理するが、多くの外国人は右脳（非言語脳）で聞くというのだ。つまり、外国人は自然音を単に音として聞くが、日本人は声として聞くのである。これは日本語と外国語の音節の違いによるのだという。日本語は母音で終わる開音節で、同じ発音でもいろいろな言葉があり、一つ一つの母音が多彩な意味を持っているため、母音は言語脳で処理される。一方、外国語の多くは子音で終わる閉音節のため、母音は非言語脳で処理される。感情音や自然音の音波構造は母音の音波構造と似ているため、母音を言語脳で処理する左脳優位の日本人はこれらの音も左脳で処理されるのだそうだ。周囲の山や川、森、さらにはそこに植生している植物や動物すべてのものに人と同じように心を通わせてきた日本人の自然に対する想いと通じるものがある。日本人は自然と対話をしているのだ。しかも、日本人以外で母音を左脳優位で処理するのはポリネシア語圏のトンガ、サモア、ニュージーランドの現地語で育った人々だけだそうである。弥生時代以降にこれらの言語を持つ人々が日本語に影響を与えたとは考えられないので、この音認知の特徴は縄文時代以前に培われたものであろう。さらに、音認知の脳の特徴は六～九歳までの言語環境によって左右される。日本人でも外国語の環境で育つと外国人と同じになり、外国人でも日本語の環境で育つと日本人と同じ脳の特徴を持つようになる。つまり、弥生時代以降、朝鮮半島や大陸から多くの人が渡来し、さまざまな生活様式や慣習、言語、文字などが持ち込まれ、おそらく縄文人が話していた言葉も大きく変わってしまったであろう。にもかかわらず、日本語そのものを変える言語環境の変化は起こらなかったのである。数のうえでは圧倒され、社会の構造や制度が大きく変容しても、縄文人は外来の文化を冷静に見極めて選択し、自らの価値観の中に消化吸収していったのだ。そこには自らの文化に対する縄文人の自信と自負が感じられる。縄文人の文化は外来文化によってその面影がわからないまでに形を変えながらも生き残り、現代に受け継がれているのだと思う。

日本の昔話には人と動物との交流が描かれたものが多い。昔話は、ある時代の文化が時の経過とともに不要なものは捨てられ、新しい要素が付加され、変形しながらも語り継がれ習い覚えられてきたもので、民俗学、文学、宗教学などで研究対象とされてきた。基層にある文化の根がその痕跡をとどめるものの一つに縄文人のカミであった動物がある。なかでも、動物が人間の姿になって人と交わる話は日本の昔話の特徴の一つだ。古事記の山幸彦と海幸彦の説話で、海宮で山幸彦の子を産んだ豊玉姫《とよたまひめ》は和邇《わに》だった。日本書紀、崇神《すじん》天皇十年九月の条、三輪山《みわやま》の説話で活玉依姫《いくたまよりびめ》のもとに通ってくるオオモノヌシノカミはヘビの化身である。罠にかかったところを助けられたツルが娘の姿になって恩返しをする「鶴の恩返し」はよく知られている。近代の作品にも動物との交流を描いたものがある。宮沢賢治の「セロ弾きのゴーシュ」では下手なチェロ奏者ゴーシュとネコやネズミ、カッコウ、タヌキの動物仲間との心温まる交流が描かれている。金子みすゞの詩、

「私と小鳥と鈴と」

私が両手をひろげても、
お空はちっとも飛べないが、
飛べる小鳥は私のように、
地面《じべた》を速《はや》くは走れない。

私がからだをゆすっても、
きれいな音は出ないけど、
あの鳴る鈴は私のように
たくさんな唄は知らないよ。

鈴と、小鳥と、それから私、
みんなちがって、みんないい。

（金子みすゞ『金子みすゞ童謡集』角川春樹事務所）

この詩には、すべてのものに心を通わせる日本人の意識構造がよく表れている。現代のアニメ作品、宮崎駿監督の映画「となりのトトロ」では、サツキとメイの姉妹と森の主トトロとの交流が描かれており、日本人の精霊信仰的な自然観が表れた作品である。ここで大切なのは、トトロは人里離れた奥山に住まうのではなく、人里のクスの大木に住んでいることだ。

明治時代以降、日本人の自然との関わりは大きく変化した。一つは、生活全般において大量のエネルギーを投入できるようになったこと、一つは、ものの移動を通して地球全体の自然と関わりを持つようになったことである。もはや、日本人の自然との関わりを論ずるには、日本一国の問題としてではなく、全世界的な視点が必要になった。

蒸気機関の発明を契機に起こった産業革命の波は十九世紀に全世界に波及した。石炭や石油などの化石資源を燃やしてエネルギーに変換し、さまざまな製品が生産されるようになった。さらに、二十世紀初めにアメリカで始まった大量生産・大量消費の経済活動は、戦後、怒濤のごとく押し寄せ、日本をのみ込んでしまった。

現代はグローバル化の時代といわれ、世界中からモノが入ってくる。私たちの周りにはモノがあふれている。情報のグローバル化も手伝い、インターネットでモノを注文すると海外から航空便で品物が届く、そんな時代である。次から次へと提供される新しいものは人々の物質的欲求を刺激し、それを満たすことが幸福感につながっている。経済的要求に応じることができる限り、私たちは欲しいものを何でも手に入れることができる。大量生産・大量消費は、島国の中で自給自足の生活を送ってきた日本人のものに対する価値観や意識を変えてしまった。

毎日大量にモノが捨てられている。大量生産・大量消費の社会は大量のごみを生み出したのだ。大量生産によってモノの値段が下がり、修理したり、使いまわすより新しいものを買った方が安いとなれば、まだ修理すれば使えると思っていても捨ててしまうのだ。

「もったいない」という言葉がある。島国の限られた資源の中で暮らしてきた日本人にとってものは貴重だったのだ。不要になったものを捨てるのではなく他の用途に利用し、壊れても修理して使うのは当然だった。しかし、周りにものがあふれている現代、ものを大切に使う「もったいない」の言葉は死語になってしまった。

「『もったいない（MOTTAINAI）』を世界の共通語に」を提唱したのは、二〇〇四年にノーベル平和賞を受賞したケニアの人権・環境活動家ワンガリ・マータイである。彼女は二〇〇五年に初めて来日した時、この言葉に感銘を受けたという。地球上では毎日、大量の資源を投入してものが生産され、その一方で、二酸化炭素を含めて、大量のものが廃棄されている。その代償として、温暖化や砂漠化、森林破壊などの環境汚染や環境破壊が地球をむしばんでいる。砂漠化の進行を少しでも食い止めようと長年、アフリカで植林活動を行ってきたマータイは、「もったいない（MOTTAINAI）」の言葉に、３Ｒ「リデュース（Reduce）、リユース（Reuse）、リサイクル（Recycle）」の精神と、モノに感謝し大切にするリスペクト「尊敬（Respect）」の精神を見出したのである。

地球の平均気温が上昇している。一八八〇年から二〇一二年の間に世界の平均気温が〇・八℃上昇した。石炭や石油などの化石資源を大量に燃やしたため、大気中の二酸化炭素の濃度が高くなり、地球の温室効果が増しているのが主な原因の一つである。気温の上昇は日本でも起きている。東京の年平均気温は一八八〇年の一四・一℃に対し、二〇一二年は一六・三℃だった。日中の最高気温が三五℃以上の猛暑日の日数は、一八八〇年から一八八九年の十年間にたった一日だったのに対し、二〇〇八年から二〇一七年の十年間には五十七日に増え、逆に、最低気温が氷点下に下がる冬日の日数は、七百五十四日から五十一日に減っている。極端に暑い日が増え、極端に寒い日が減っているのだ。

石炭や石油を燃やした時に排出される硫黄酸化物は、気管支炎や喘息など人々に健康被害をもたらし、さらに、硫黄酸化物は水に溶けるため酸性雨の原因となり、樹木の立ち枯れや土壌、河川、湖沼の酸性化を引き起こす。

人工的に合成した化学物質も環境に悪影響を及ぼす場合がある。農薬の一種であるＤＤＴ（ジクロロジフェニルトリクロロエタン）は環境中で分解されにくく、生物の体内に蓄積されやすいため、食物連鎖によって鳥類に濃縮され、繁殖率の低下を招いた事例は『沈黙の春』（レイチェル・カーソン、一九六二年）で紹介された。さらに、化学物質は自然界や生態系に対してだけでなく、人体にも悪影響を及ぼすことが、『奪われし未来』（シーア・コルボーン、一九九七年）で取りあげられた。また、有機リン系除草剤の一種であるグリホサート（Ｎ－ホスホノメチルグリシン）は、世界保健機関（ＷＨＯ）の専門組織・国際がん研究機関（ＩＡＲＣ）が二〇一五年に発がん性のおそれがあると発表したにもかかわらず、日本では今でも使われており、化学物質の毒性や安全性に対する関心が低い。

これらの環境問題は人間のエネルギーを使った活動、すなわち、利便さと物質的豊かさを追求した活動が、自然界に大きな影響を与えた結果である。

このような問題について日本人も他人事ではすまされない。日本で使用する天然資源の五五・五パーセント（二〇一五年度）は輸入だ。エネルギー資源でみると日本は世界の三・六パーセントを消費しており、その九四・五パーセントが輸入である。食料もカロリーベースで六二パーセントを輸入している。

資源を採掘すれば自然に負荷がかかる。採掘するにもエネルギーが必要である。食料を生産するにもエネルギーと水がいる。これらはすべて輸入相手国の自然に依存しているのだ。日本は自国面積の何倍もの自然に負荷を与えている。

反対に、日本で作られた製品のうち重量で二七パーセントが輸出されている。輸出された製品がその国でどのように使われ、どのように処分されているのか、私たちはほとんど関心がないし知らない。日本では廃棄物を種類ごとに分別して収集し、再利用、再資源化できるものを除いた後、焼却によって減容、無害化できるものは焼却処理される。その他の廃棄物と焼却残渣は有害物が溶け出して環境汚染や生態系に悪影響を与えないように対策を講じたうえで埋め立て処分されている。しかし、製品の輸出先は日本のように廃棄物を適正に処理、処分できる能力がある国ばかりではない。むしろ日本のような処理を行っている国は少ない。先進国を除けば、廃棄物は大部分が埋め立て処分である。環境汚染などの対策を講じていない地域や、廃棄物の回収処分すらしていない地域もある。廃棄された日本の製品がもとで環境を汚染し、生態系に悪影響を与えているとしたら、やはり無関心ではいられないはずである。

人類の活動が地球の自然に影響を与えるほどにまで大きくなった今、人と自然との関わりが改めて問われている。地球の環境が破壊され人類の生存に適さなくなっても地球を捨てて他に行くところはないのだ。これからの人類に望まれるのは大量の資源を投入して活動する社会ではなく、人間の活動を地球の再生能力の範囲内に抑えた自然と共存する社会である。日本の自然は、かつては森林の伐採が進み、崩壊寸前にまで環境が悪化したこともある。しかし、崩壊には至らなかった。温暖で湿潤な気候は樹木の成長が速く、森林の復元力が強いという好条件に恵まれたこともあるが、限られた資源を上手に使い、祖先は閉ざされた環境にうまく適応したのである。そこから日本特有の風土と文化が生み出されてきた。人類はこれからの地球環境にうまく適応していけるだろうか。ここでは、これまでの日本人と自然との関わりと、その関わりを通して育まれてきた文化について見つめ、その特徴を拾い出してみたい。そして、現代の大量生産・大量消費の社会における自然との関わりについても触れ、今後の人類と自然との関わり方について考えてみたい。

目次

第1章　日本の自然と風土

1　日本の自然

日本はユーラシア大陸の東縁海上に南の先島諸島（北緯二四度付近）から北の北海道（北緯四五度）まで長さ約三〇〇〇キロメートルにわたって細長く弧状に延び、数千の島嶼から成り立っており、東シナ海と日本海によって大陸から隔てられている。緯度でいうと、日本の最南端はアフリカのエジプトとスーダンの国境付近、アメリカ大陸だとキューバ付近、最北端はイタリアのミラノ、カナダのオタワ付近である。国土の面積は約三七万平方キロメートルと世界の陸地の〇・三パーセントしかない狭い島国である。奥羽山脈、越後山脈、飛驒山脈などの山々が日本の背骨をなすように南北に走り、山岳部を中心に広がる森林の面積は国土の六八パーセントに及び、この割合はフィンランド（六七パーセント）など北欧諸国並みに高く、イギリス（八パーセント）、ドイツ（三一パーセント）などと比べ先進国の中ではきわめて大きい数値を示している。三〇〇〇メートルを超す山々があり標高差が大きく、急峻な地形が多いことから、山や谷による分断があり、多様な動植物の生息環境が生まれやすい条件を備えている。

夏は太平洋に発生する高気圧により南東の風が吹き、冬は大陸の高気圧により北西の風が吹く、季節風の影響が顕著である。本州では脊梁山脈を境に太平洋側と日本海側とで気象の違いがはっきりしている。

日本列島は南北に長いため南と北で気温差が大きく、那覇の年平均気温は二三・一℃なのに対し、札幌は八・九℃であり、南の亜熱帯から北の亜寒帯まで、広い気候帯が含まれている。また、太平洋と日本海に囲まれ、それぞれ日本海流と対馬海流という二つの暖流が流れている。この暖かな海流から発生する水蒸気は、夏と冬の季節風に運ばれて日本の山々に吹き付け雨や雪をもたらす。このため年間の平均降水量は一七一八ミリメートルと多く、世界平均の約二倍に相当する。総じて温暖湿潤な気候だが、夏は暑熱で雨が多く湿気があり、冬は日本海側では雪が降り、太平洋側では比較的乾燥した晴れの天気が続く。夏と冬の間には、太平洋の湿った暖かい気団と大陸の冷たい気団が日本付近でぶつかり、晴天と雨天が周期的に変化し、暖かくなったかと思うと寒くなるといった、日によって寒暖の差が激しい。春夏秋冬、変化に富んだ四季のはっきりした気候が特徴である。

さらに、日本の気候を特徴づけているのが台風である。台風は赤道より北の北西太平洋または東シナ海で発生し、貿易風が吹いている低緯度では風で西に流されながら北上し、偏西風が吹いている中・高緯度では北東に進む。年間で約二六個の台風が発生し、そのうち約一一個の台風が日本から三〇〇キロメートルの範囲内に接近し、約三個が上陸している。台風は年間を通して発生しているが、発生数、接近数、上陸数ともに七月から十月が最も多くなる。台風は日本に局所的な大雨と暴風をもたらし、建物や樹木の倒壊といった風害だけでなく、高潮、高波、大雨による洪水や浸水、土砂崩れ、地滑りなどの災害をもたらす。

また、夏と冬の季節風は突発的な豪雨や大雪をもたらすことがある。豪雨は梅雨から夏の台風の時期に集中しており、一時間に一〇〇ミリメートルを超す集中豪雨が発生することもある。日本の河川は標高二〇〇〇～三〇〇〇メートルの脊梁山脈から一気に海に流れ下るので、急勾配で距離が短く流域面積も小さい。このため山に集中して降った雨が川に流れ込むと、川は短時間で増水し、平常時の流量の一〇〇倍近くに達する場合もあり、洪水などの災害が発生する危険性がきわめて高くなる。大雪は冬に主として日本海側と中部山岳地域で起こり、時には風を伴った吹雪となる。積雪による建物や樹木の倒壊や雪崩が発生することがある。

日本列島は水平方向、垂直方向に多様な気候帯を持ち、それに伴い森林の植生も多様となる。水平方向には、北緯三七度付近を境に南が常緑広葉樹林帯、北が落葉広葉樹林帯、北海道は落葉広葉樹と常緑針葉樹の混交林となる。垂直方向には、低標高から高標高に向かって常緑広葉樹林帯、落葉広葉樹林帯、常緑針葉樹林帯が帯状に分布し、やがて森林を構成している高木がだんだんまばらになり矮小化し、森林限界に達し、高山帯（周氷河帯）となる。日本の場合、森林限界線が明瞭で移行帯がほとんどなく、急にハイマツが優占し、キバナシャクナゲ、ミヤマハンノキなどに代表される低木林、コケモモ、ガンコウラン、チングルマなどの草木様小低木、シナノキンバイ、ミヤマキンポウゲ、ハクサンイチゲなどの多年草からなるお花畑が出現し、残雪が現れ、森林帯から下とは全く異なった高山的景観が展開する。日本には氷河帯がなく、富士山や大雪山の山頂付近に永久凍土が見られる程度である。およそ二万年前の最終氷河期の垂直分布も似たようなものだったとみられ、日本アルプスと日高山脈の高標高部に氷河帯が発達したが、日本の大部分は森林帯と周氷河帯に覆われていた。

常緑広葉樹林帯を構成する樹木は、スダジイ、マテバシイ、シラカシ、アラカシ、ウバメガシ、クスノキなどで、落葉広葉樹林帯を構成するのは、ブナ、イヌブナ、クリ、ミズナラ、クヌギ、ミズキ、トチノキ、カエデ類などである。日本の森林はブナ科の木が多いことがわかる。日本のブナ科は、ブナ属、クリ属、シイ属、マテバシイ属、ナラ属の五属二一種からなる。ナラ属はコナラ亜属とアカガシ亜属に分かれている。このうち、常緑の葉を持つのは、シイ属、マテバシイ属、アカガシ亜属、落葉の葉を持つのは、ブナ属、クリ属、コナラ亜属である。日本では習慣的に常緑の葉を持つナラ属（アカガシ亜属）をカシと呼んでいる。ヨーロッパでカシ（オーク）と呼ばれるミズナラなど、落葉広葉樹とは呼称が違うことに注意が必要だ。

日本の生物相は、狭い国土面積の割に豊富である。陸上植物からコケ類と藻類を除いた維管束植物だけで約七五〇〇種が生息する。動物相は脊椎動物が約一〇〇〇種、昆虫類が七万～一〇万種に達すると考えられている。固有種の割合も高く、植物の約三分の一が固有と考えられ、なかでも裸子植物は五五パーセントに達する。動物では小型哺乳類、両生類、爬虫類の多くに固有種がみられる。小笠原諸島では高等植物の四割、陸鳥類のほとんどすべて、陸産貝類の四分の三が固有種または亜種であり、南西諸島では一部にしか近縁種がみられない特異な種を有するというように、それぞれ特有の動植物相を有しており、とくに注目される地域である。このような多様性に富んだ生物相が形成された背景には、日本列島がユーラシア大陸に隣接し、緯度、経度ともに二〇度以上に広がっているという地理的条件がある。

また、新生代第四期の氷期と間氷期を通じて、日本列島をとりまく海峡では陸地化と水没が繰り返され、大陸からの動植物の進入および分断が生じたことも一因である。また、山岳地の多い複雑な地形や季節風の影響を受ける変化に富んだ気候も豊かな生物相を支えている。

日本は太平洋の周りをとりまく環太平洋火山帯の中に位置し、火山の多い国である。日本周辺には、海のプレートである太平洋プレートとフィリピン海プレートが、陸のプレートである北米プレートとユーラシアプレートに向かって年に数センチメートルの速度で動いており、陸のプレートの下に沈み込んでいる。ちょうどその境界上に位置する日本列島は火山活動の活発な地域である。本州の中央を境に北東部と南西部に二つの火山帯があり、一一一の活火山がある。日本の象徴的な山である富士山は江戸時代に噴火した歴史があり、霧島山、阿蘇山、桜島、浅間山、御嶽山、蔵王山など、今でも活発に活動している火山が各地にある。

同時に、日本は地震の多い国である。日本周辺で動いている四つのプレートによって複雑な力がかかっており、プレート間地震や海洋プレート内地震、陸地の浅い部分での地震、さらには火山活動による地震が頻繁に起きている。マグニチュード六以上の地震は平均で年一八・三回、震度一以上の地震は平年で年二〇〇〇回程度、多い年だと年に一万回以上発生している。

2　日本の風土

人をとりまく自然環境は、そこに暮らす人々の生活に直接影響を与え、その習慣や考え、さらに長い時間を経て土地のしきたりや民俗、文化を形づくってきた。日本は植物が成長する夏に雨が多く湿潤なため、樹木や植物が繁茂し、豊かな自然に恵まれた土地である。大地の至るところから植物が芽生え、そして動物も繁栄する。日本人は昔から自然が提供してくれる恵みを享受してきた。その一方で自然は時として牙をむく。人はただその猛威が去るのをひたすら待つだけである。その姿勢は昔も今も変わっていない。哲学者の和辻哲郎は日本の風土を、南アジアから東アジア一帯に広がる「モンスーン気候」の風土とし、「受容的、忍従的構造」と評した。その中でも日本人の特殊な形態として、和辻は『風土人間学的考察』の中で、「四季おりおりの季節変化が著しいように、日本の人間の受容性は調子の早い移り変わりを要求する。だからそれは大陸的な落ちつきを持たないとともに、はなはだしく活発であり敏感である」と述べ、「あたかも季節的に吹く台風が突発的な猛烈さを持っているように、感情もまた一から他へ移るとき、予期せざる突発的な強度を示すことがある」と指摘している。それは、「感情の昂揚を非常に尚びながらも執拗を忌むという日本的な気質を作り出した。桜の花をもってこの気質を象徴するのは深い意味においてもきわめて適切である」と述べている。

東洋、とくに東アジアは日本も含めて、この世はありとあらゆるものに神や精霊が宿っているという精霊信仰的な宗教観や自然観で彩られている。西洋のようなすべての創造主としての絶対神の存在というキリスト教的自然観や、自然と自然現象を霊的なものから切り離し定量的に取り扱う機械論的自然観とは異なるのだ。東洋では、この世の創造主としての神への服従を誓い、神の命令に従うことで救いを求めるのではなく、人間に恵みや暴威をもたらす力を感じさせるあらゆる自然や自然現象がその神秘性のために神化され、ただ神を詠嘆することによって地上の富に恵まれることを期待するのだ。人と神は仲睦まじい関係にある。人も等しく自然の一部であるという自然観が根底にあるからだ。また、草木を刈り取っても再び芽吹き成長するように、人も再生すると信じられていた。ただし、インドでは来世に何に生まれ変わるかは現世の行いによると考えられていた。

私たちの祖先である縄文人も同じような考えを持っていた。縄文人は、神は人間以上の力を持つが人々を威圧して支配することはないと考えてきた。神も人間も平等な価値を持つ霊魂とされたのだ。また、縄文人も死後の再生を信じ、死を単なる生の終わりではなく、再生への通過点と考えていた。このような宗教観、自然観は、後に自然崇拝による自然神、日本神話の神々、天皇や政治家、学者などを祀った人格神、道教の神々や民俗信仰の神々、大乗仏教の仏、仏教由来の神や習合神など、さまざまな神的なものを神ととらえるようになり、ついに日本には八百万《やおよろず》の神が住んでいることになった。インド由来の仏教も日本では神仏習合がふつうのこととなる。

一方、日本は災害の多い国である。豪雨や台風、突風だけではない。それに伴って起こる洪水や土砂崩れがあり、さらには地震によって地面が割れ、木や建物が倒壊する。それらの天変地異は人が営々として積み上げてきたものを一瞬にして無にしてしまう。そして、それらは突如として人を死に追いやることもある。日本人は理不尽にも降りかかるこのような災害を、天運としてあるいは天罰として無理やり納得してきた。そこには人の力ではいかんともしがたい無力感と無常観がある。随筆家の寺田寅彦は『日本人の自然観』（一九三五年）の中で西洋の自然観と日本の自然観との差異を以下のように述べている。

人間の力で自然を克服せんとする努力が西洋における科学の発達を促した。何故に東洋の文化国日本にどうしてそれと同じような科学が同じ歩調で進歩しなかったかという問題はなかなか複雑な問題であるが、その差別の原因をなす多様な因子の中の少なくも一つとしては、上記のごとき日本の自然の特異性が関与しているのではないかと想像される。すなわち日本では先ず第一に自然の慈母の慈愛が深くてその慈愛に対する欲求が充たされやすいために住民は安んじてその懐に抱かれることが出来る、という一方ではまた、厳父の厳罰のきびしさ恐ろしさが身に沁みて、その禁制に背《そむ》き逆らうことの不利をよく心得ている。その結果として、自然の十分な恩恵を甘受すると同時に自然に対する反逆を断念し、自然に順応するための経験的知識を集輯《しゅうしゅう》し蓄積することをつとめて来た。この民族的な智恵もたしかに一種のワイスハイトであり学問である。しかし、分析的な科学とは類型を異にした学問である。

つまり、自然は刻々と変化し、その変化によってある時は恵みが、ある時は災いがもたらされる。恵みはありがたく頂き、災いには逆らわずじっと耐えるということである。さらに寺田は日本人の精神性について次のように述べている。

仏教が遠い土地から移植されてそれが土着し発育し持続したのは、やはりその教義の含有する色々の因子が日本の風土に適応したためでなければなるまい。思うに仏教の根柢にある無常観が日本人のおのずからな自然観と相調和するところのあるのも、その一つの因子ではないかと思うのである。鴨長明《かものちょうめい》の『方丈記』を引用するまでもなく、地震や風水の災禍の頻繁でしかも全く予測し難い国土に住むものにとっては、天然の無常は遠い遠い祖先からの遺伝的記憶となって五臓六腑に浸み渡っているからである。

日本人の自然観には無常観が漂っているというのだ。このように、日本人の自然観は、人間も自然の一部であるという「円の発想」と頻繁に起こる天災への順応的な態度から生まれた無常観を基底に形成されている。また、日本は四季の変化に富んでいる。インドやタイのように暑熱で湿潤な暑季・雨季と乾燥して比較的冷涼な乾季があるだけではない。日本の気候は大陸的な要素と海洋的な要素が複雑に交錯しており、周期的な季節的循環の他に不規則で急激な変化がみられる。この移り変わりの激しい天気と災害の多い自然は多彩な表現力を育んだ。それは雨の降り方や風の吹き方を表す日本語の語彙の多さをみればわかる。雨の降り方を表す日本語には、小雨、大雨、氷雨、俄雨、夕立、時雨《しぐれ》、五月雨《さみだれ》、豪雨、白雨、麦雨、梅雨、秋霖、風の吹き方には、春風、秋風、青嵐、暴風、朝風、朝嵐、旋風、海風、凱風、寒風、微風、山風、疾風、霜風、涼風、野分などの語がある。語彙の豊かさは日本人が天気に対して鋭敏な感受性を備えていることを示しており、寛容的で恵み深いが時として凶暴な面をみせる特殊な気象現象の中で暮らしてきた日本人の自然観の一端を表している。日本人は天気を表した言葉を聞くとその季節や天気の状態を頭の中に思い浮かべることができる。例えば、「時雨」という言葉を聞くと、秋が深まり冬にさしかかる頃、雨が降ったりやんだりする情景を思い浮かべる。同時に、この時期、木々が葉を落とし昼が短くなる、なんとなく物悲しい陰鬱とした気持ちの状態まで心に浮かんでくる。「五月

図1　六十余州名所図会　出羽　最上川月山遠望
(国立国会図書館デジタルコレクション)

雨」というと、梅雨のはじめの頃、断続的に降り続く雨を思い浮かべる。しかし、「時雨」とは逆に、草木が芽吹き葉を茂らせ、サツキの花が咲く生命に満ちあふれたみずみずしさと勢いを感じさせる言葉である。さらに、松尾芭蕉の「五月雨を集めて早し最上川」の句を詠むと初夏の自然の情景がいっそう躍動感をもって迫ってくる。このように日本人にとって、「雨」は単なる降水ではなく感覚や情動からなる一つのまとまった世界と連動し、その「雨」をある一つの風景の中にはめ込んでいる。それは長い時間をかけて築かれてきた日本人の風景の記憶であり、文化の記憶でもある。

3　神話の自然観

八世紀に編纂された古事記の冒頭にこの世のはじめのことが記されている。「天地《あめつち》が初めて発《あらわ》れた時、高天原《たかまのはら》に成ったのは、天之御中主神《あめのみなかぬしのかみ》でした。間もなく高御産巣日神《たかみむすひのかみ》、続けて神産巣日神《かむむすひのかみ》が成りました。この三柱《みはしら》の神は、いずれも独神《ひとりがみ》で、すぐに御身《みみ》をお隠しになりました」（竹田恒泰『現代語　古事記』学研パブリッシング）。ここに神の名で最初にあげられる天之御中主神は、天上の神聖な世界の中心にいる神であり、「ムスヒ」の「ムス」は「生む」であり、「ヒ」は神秘的な霊力を表していた。

もう一つ、同じ頃に編纂された日本最古の歴史書・日本書紀の冒頭には、「昔、天と地がまだ分かれず、陰陽《いんよう》の別もまだ生じなかったとき、鶏の卵の中身のように固まっていなかった中に、ほの暗くぼんやりと何かが芽生えを含んでいた」（宇治谷孟『全現代語訳日本書紀　上』講談社）とあり、混沌とした「自然の気」のようなものがきざしたことが記されている。そして、澄んで明らかなものは、たなびいてのぼり天となり、重く濁ったものは下を覆って地になったという。

このように、古事記も日本書紀も、混沌の中から天ができあがり、大地ができ、神は後にその中から生まれたと語られている。これは、「初めに、神は天地を創造された。地は混沌であって、闇が深淵の面にあり、神の霊が水の面を動いていた」、に始まる旧約聖書「創世記」の冒頭にある創世神話とは全く異なっている。旧約聖書を典拠としたユダヤ教、キリスト教、イスラームでは、まず神の存在があって、その神によってこの世界が創られたと考えられている。神話の記述には、その神話をつくった民族のものの考え方や感じ方の原型をみることができる。混沌の中からすべてが成っていくという神話の中には「自然の気」のいきおいという日本人の発想の原型があるといわれている。

さらに、日本の神話では、三柱の神が生まれるや、この混沌の中から次々と神が生まれてくる。まず、クニノトコタチとトヨクモノ、この二柱は独神で、すぐに御身をお隠しになる。つづいて、男神と女神が次々と一〇柱成る。最初に成ったのはウイジニノカミとその妻スイジニノカミ、最後に成ったのがイザナギノカミ（イザナギ）とイザナミノカミ（イザナミ）である。それぞれ、男神と女神は対になっており、二柱で一代、ウイジニノカミからイザナミまでの一〇柱を五代と数え、クニノトコタチからイザナミまでの一二柱、七代を「神世七代」と呼ぶ。そして、七代目の完全に人間の身体を備えたイザナギとイザナミとの結婚によって淡路島や四国、九州、本州など日本の島々が生まれる「国生み」が実現する。さらにこの二神によって、岩や石をつかさどるイワツチビコノカミなど住居に関わる神七柱、海をつかさどるオオワタツミノカミなど水に関する神三柱、さらには風、木、山など大地に関する神、穀物や火に関する神など、自然や自然現象に関わる夥《おびただ》しい数の神が生み出される。混沌から生じた、より具体的な機能をおびたイザナギとイザナミによって国の島々、海や山河、樹木が生まれるという話の中には、生命誕生の根本原理ともいうべき、お互いに補完し合う有機的な働きによってすべてが生まれたことがわかる。神とは新たな生命現象を生み出す力なのだ。海や山、川、岩、風、食物や火など、自然の要素一つ一つを神の分身ととらえており、多彩な自然それ自体が神を認識する対象となってきた。

また、天地のはじめに生まれた神の神名が暗示しているように、日本の神は「ヒ（神秘的な霊力）」によって「ムス（生み出す）」ことのできる力のはたらきであり、すべての自然が持つ人知を超えた力と解釈することができる。神は森や林といった自然を生命あふれる自然らしく息づかせている生命力というべき存在なのだ。そこに樹木があれば神が降り立ち、その生命力や神の鎮もりが「気配」として実感される。神を「気配」として感じる感性が、日本人の自然観であり、また宗教観でもある。そして、生まれてすぐに隠れてしまった神とは、「姿を見せない神」「どんな姿かたちをしているのかわからない神」であり、自然が本来持つ豊穣と恵み、荒々しさ、恐ろしさ、これらすべての自然のはたらき、自然のありようとして神が認識されてきたことを示している。目に見えない気配だからこそ、それへの畏れも持続するのだ。日本人は神の具象像を持たなかった。ここに日本人の神と自然との関係の原点がある。

イザナギとイザナミ、つまり男神と女神によって万物が生まれたとする神話には古代中国の自然哲学思想である陰陽論が反映されている。陰陽論とは陰と陽の二つの気の交合によって万物が生まれ、その消長によって四季など、自然界の変化や天文現象が成り立っていると考えるもので、古代科学の一つとして万物の生成論を形づくってきた。女は陰であり男は陽なのだ。日本書紀の冒頭に「昔、天と地がまだ分かれず、陰陽の別もまだ生じなかったとき」とあるように、神が生まれるためには、まず陰陽の別が定まり、天ができ、大地ができてからでなければならなかった。さらに、二神から万物が生まれたように、陰と陽は互いに対立する関係ではなく、互いに補い合う要素である。陰と陽の交合は無限に生命を生む可能性を持っている。陰陽論は日本には仏教伝来と前後して伝わり、陰陽道として独自の発展を遂げた。神を気配として認識してきた日本人にとって、陰陽道はその認識をより具体的に、そしてより論理的に補完したのである。

4 大地と信仰

日本書紀によると、欽明天皇十三年（五五二年）冬十月に、百済の聖明王《せいめいおう》から金銅の釈迦仏一軀と、儀式の折に荘厳のために用いる幡蓋《ばんがい》、それに経論若干巻とともに献上された。仏教の公の伝来の記録である。もっとも今は、日本書記の年代記録には多くの作為があると判断され、仏教伝来は五三八年という説が一般である。仏像などとともに添えられていた聖明王の上表文には、「この法は諸法の中で最も勝《すぐ》れております。解り難く入り難くて、周公《しゅうこう》・孔子《こうし》もなお知り給うことができないほどでしたが、無量《むりょう》無辺《むへん》の福徳果報《いきおいむくい》を生じ、無上の菩薩を成し、譬《たと》えば人が随意宝珠《ずいいほうしゅ》を抱いて、なんでも思い通りになるようなものです。遠く天竺《てんじく》から三韓《みつのからくに》に至るまで、教《みのり》に従い尊敬されています」（宇治谷孟『全現代語訳日本書紀　下』講談社）と書かれていた。

今まで見たことがない荘厳で美しい仏像の容貌はみなに驚きをもって迎えられた。欽明天皇も群臣も初めて見た仏を外国の人が信じている神として受け止めた。蘇我大臣稲目《そがのおおおみいなめ》は、「西の国の諸国は皆礼拝しています。豊秋《とよあき》の日本だけがそれに背《そむ》くべきでしょうか」（宇治谷、前掲書）と天皇に受け入れを奏上し、さっそく仏像を試しに礼拝し始めた。しかし、その時、たまたま疫病が流行し多くの死者が出た。この恐るべき事態を、蘇我氏とことあるごとに対立していた物部大連《もののべのおおむらじ》尾輿《おこし》や朝廷の祭祀氏族である中臣連《なかとみのむらじ》鎌子《かまこ》は、「共に奏して、『あのとき、臣の意見を用いられなくて、この病死を招きました。今もとに返されたら、きっとよいことがあるでしょう。仏を早く投げ捨てて、後の福を願うべきです』といった」（宇治谷、前掲書）。仏像礼拝が原因だというのだ。このことは、仏を日本の神々の中でも恐ろしい事態を招く神と同列に扱っていたことを物語っている。「天皇は、『申すようにせよ』といわれた。役人は仏像《ほとけのみかた》を難波《なにわ》の堀江《ほりえ》に流し捨てた。また寺に火をつけ、余《あま》すところなく焼いた。すると、天は雲も風もないのに、にわかに宮の大殿に火災が起きた」（宇治谷、前掲書）とある。

ともあれ、それまで具体的な神の像を持たなかった日本人にとって仏像は初めて見た神の姿であった。「仏法は無限の幸福をもたらしてくれるもので、すべての物事が思い通りになる」と聖明王の上表文で勧められているように、仏像は現世の利益をかなえてくれる象徴的な蕃神像であった。これは本来の仏法というより、「願えば何かがもたらされる。何か具体的な利益がありそうならば信じるし、なければ信じない」という信仰観を庶民に植え付けたことと無縁ではない。蕃神は従来、日本人が春夏秋冬にお祀りしてきた八百万の神と比べたうえで神として受け止められたのだ。

仏教が明確な礼拝の対象をもたらしたことは確かである。その荘厳な姿は民衆に戸惑いと畏れと同時に、未知なる期待を抱かせた。日本の土地を支配していたのは山に鎮まる神であり、その土地の産土神であった。森や川、湖沼といった自然が集約されたものが、神の持つ繁栄と厄災という力によって保護されていると信じられていた。神が土地を支配していることから、その土地の使用に代価が支払われるという信仰習俗があったほどだ。奈良時代から平安時代にかけての福岡県太宰府市の宮ノ本遺跡の墳墓から買地券なるものが出土している。墓地にしようと土地を土地神から買い取ろうとしたのだ。代価は銭だけでなく、鍬や絹、白綿などが支払われた。土地神が持つ繁栄と災厄への信仰は現代でも地鎮祭に表れている。その土地の神を祀り工事の安全を祈るのだ。災厄をもたらす神は手厚く祀られることによって鎮まり、やがて恵みをもたらすと考えられていた。だから古来、日本には祭礼行事が多かった。

しかし、土地の人々の祈願もむなしく、不作が続いたり、疫病が流行ったりすると、その土地にします神々にだけ頼っていたのでは年々の豊穣もままならないという懸念が生じてくる。人々は新しい仏教の修法によって衰えた神々の力の復活を期待したのだ。ここに広く日本人の宗教的な感性を占めている神仏信仰が生まれた。仏や菩薩は人々を救済するために、その迹《あと》を日本各地に垂れ、神となって形を見せるという本地垂迹《ほんじすいじゃくせつ》説が十一世紀以降全国に広まった。九州宇佐氏の氏神で、穀霊神、銅産神とも位置づけられ、応神天皇の垂迹神とされた八幡神《はちまんじん》は、奈良時代に東大寺大仏造立の時に鎮守《ちんじゅ》八幡としてその山内に勧請《かんじょう》され、中央進出を果たした。天台宗の祖最澄が唐に渡る際、道中の無事を祈ったことから航海の守り神とも目され八幡神は全国に分布する。全国に分布しているのは八幡神だけではない。白山、熊野三山をご神体とする白山神や熊野神も全国に勧請され分布している。八幡神は後に神仏習合によって八幡大菩薩の尊号を持ち、京都に石清水八幡として勧請され、さらに源氏の氏神としてその権力拡大に伴い、鎌倉にも勧請され、鶴岡八幡宮に鎮座した。八幡大菩薩は神の身でありながら衆生救済の功徳をも期待されたのだ。日本の神の大きな変容である。

密教が空海や最澄によって日本に伝えられた平安時代には、疫病や飢餓、地震、雷などあらゆる災害は御霊の仕業とみなされることが多かった。こうした災害に際しては、御霊に対する慰撫が必要とされた。平安時代前期の八六三年五月二十日、平安京の神泉苑において六所御霊と呼ばれる大規模な御霊《ごりょう》会《え》が営まれている。元来、御霊は天皇家の死者の霊を意味したが、時代が下ると非業の死を遂げた人の霊魂、死霊を意味するようになり、御霊会はこの御霊でもある死霊を鎮魂するための儀式であった。そこには、藤原種継暗殺事件に連座して幽閉され、無実を訴えて絶食し餓死した桓武天皇の弟早良《さわら》親王、桓武天皇の皇子でありながら藤原仲成らの陰謀によって自害に追いやられた伊予親王、承和《じょうわ》の変で謀叛を企てたとされ伊豆へ流される途中、遠江で死んだ橘逸勢《たちばなのはやなり》、同じく新羅商人と結び反乱を企てたとされ、謀叛の罪を着せられ伊豆へ流され没した文室宮田麻呂《ふんやのみやたまろ》ら六柱が祭神として祀られたという。肉親間の血腥《ちなまぐさ》い争いの絶えなかった天皇やその周辺の権力者たちには常に怨霊の障りに対する畏れがあった。この世に恨みを残して死んだ者の霊魂は生者に祟りをなすと考えられ、怨霊、または亡魂と呼ばれ、平安時代には御霊、物の怪と畏れられたのだ。それは、手厚い鎮魂の儀礼によって慰める必要があった。仏教はその呪術的な修法儀礼が精神的な説得力を発揮し、祟りが治まると考えられた。仏教は身近に死者を持った誰もが抱く不安感を打ち払うための公的な呪術的修法だったのだ。

また、菅原道真は右大臣の地位にありながら、藤原時平らの中傷によって大宰権帥《だざいのごんのそち》に左遷され、その地で憤死した。菅原道真の死後、平安京には雷火による災害が多発し、この災害が左遷された地で憤死した道真の怨霊による祟りだと受け止められた。人々は道真を火雷神として畏怖するようになり、鎮魂のため京都に北野神社が創建される。御霊の対象となった菅原道真は都の人々に慰撫され、神として祀られることになった。後に、学者で文人でもあった道真人気が加わり、北野の雷神信仰、道真信仰は人々の心をとらえ、室町時代以降は文筆、学問の神として菅公信仰が盛んになった。人が神として祀られている例は、菅原道真にとどまらず、江戸時代、徳川家康を祀った日光東照宮、明治時代には、乃木希典、東郷平八郎を祀った乃木神社、東郷神社がある。

日本人は死者の霊魂に対する意識が強い。日本人は死者の魂はそれを丁重に慰め手厚く供養する者がいないと荒魂としてさまざまな災いをもたらすと受け止めてきた。このような霊魂に対する日本人の観念は、畏しい神に対して抱いた観念と同じである。そこには神も霊魂も本質的な違いを見出していなかった日本人の精神世界がある。

日本には氏神信仰という習俗が今でも残っている。ある地域において、その地縁社会を守護し、そこに恵みをもたらすと信じられてきた神である。氏神は古代の氏族制度においてその氏族の縁に基づいて祀られる氏の神である。中世以降、武士による荘園制が広まると、それぞれの郷村の守護神として、地縁神として、氏神信仰が盛んになる。しかし、庶民の間では出生地の鎮守神としての産土神《うぶすながみ》と区別もなく信仰され、祈願の対象が何神であるかという関心はほとんど持たれることがない。正月や節分といった季節の節目には、かつては誰もが居住する町村内の氏神や産土神と通称される神を祀る社に参拝した。また、江戸時代に暦本が普及すると、その年の福徳を司る歳徳神《としとくじん》が在する恵方に向かって祈りを込める習俗なども生まれる。恵方と呼ばれる目出度《めでた》い方向に対する観念は陰陽道《おんみょうどう》によるもので、恵方の方向にあたる社寺への初詣は恵方参りと呼ばれた。古代社会においては、そこに何神が祀られているのかがはっきりしていたとしても、庶民が信仰するようになると、特定の神に対する人々の認識は時代とともに希薄になることが多い。これも日本人の神認識の概念と無縁ではない。

浄土教が盛んになり、浄土往生への願望が人々の間に広まってくると、自らの浄土往生のために、さまざまな善行が勧められるようになる。善行はなるべく多い方がよいということで、寺社詣ではもとより、写経や仏僧への供養、貧者、病者の救済など多岐にわたる善行を実践し、来世の福徳を得ようとした。そこには神の分身があらゆるところにあり、仏、菩薩、明王も勧請を受けてどこにでもやってくることができるとする日本人の観念があり、特定の神を区別せず、なるべくその分身に多く出会って祈願を果たそうとする日本的信仰がある。それは、緩やかで自在で、一面いい加減な日本人の神と人との関係を表している。こうした行動原理も日本の湿潤で時に猛威を振るう自然風土と無縁ではない。この風土が山や森に降り立つ神を育み、この湿った大気と大地が特有の霊魂観を招き、怨霊の観念を生んだのだ。それが、日本人の楽観主義をも育て、多様性の中に、そしてあいまいな中に折り合いを求めてきた。

5 山水と仏教

草木も国土もみなことごとく仏になる本質を持っているという「草木国土悉皆成仏」の思想は、日本古来の自然観が仏教と融合して生まれたといわれている。世阿弥の「西行桜」「高砂」、禅竹の「定家」などで取り上げられ、謡曲の世界ではなじみ深い表現だが、この言葉は仏典にはなく、平安初期に天台宗の安然《あんねん》が著した「斟成私記」にある。原典は涅槃経の「一切衆生悉有仏性」であるが、衆生を山や川、草木にまで拡大してとらえている。日本人は、森を見、川の流れの音、鳥の鳴き声を聞きながら、その背後にあって常に自然を支え促している神の世界、霊魂のありかを意識してきたのだ。仏教には霊魂という観念はなく、すべての衆生にあるのは仏性、すなわちいのちそのものであり、そのいのちは不生不滅で永遠であると説いている。仏教は霊魂を仏性、いのちと読み替え、日本人の精霊信仰的な自然崇拝に適応していったのだ。

独自の自然観と修行体系をもって新たな禅思想を打ち出した道元は、その著書『正法眼蔵《しょうぼうげんぞう》』の「辦道《はんとう》話《わ》」の中で、「もし人が、一時といえども、身口意の三業に仏としての印を現わし、三昧に端坐するとき、遍き天界人界のすべてはみな仏の印となり、尽虚空はことごとく覚りとなる。このようなところから、諸仏をして真実身として在る楽しみを増長し、仏道に在る身の麗しさを新たにするのである。さらに十方世界も、三途六道の群類も、みなともに一時に身心は明浄となって、大いなる解脱の境地を明らめ、生きとし生けるもの本来の面目が現ずるとき、諸々の現象世界はみな覚りの世界たるを証し、ものみなともに仏身を用いて、ただちに証会の辺際を超越して、菩提樹下に端坐した釈迦牟尼仏となって、一時に何ものにも等しきもののない等しき大法輪を現じ、造作なき最上尽深な仏知を開演するのである」（石井恭二訳『現代文訳　正法眼蔵4』河出書房新社）と説いている。ここでいう「本来の面目」とはいのちがいのちとしてある、そのいのちのありよう、と理解することができる。つまり、人が生きているなかでさまざまな知識を得て生活を営むという精神活動以前の、肉体が呼吸し、飲食などによって生命活動を維持し、人間が人間としての機能を発揮するために働きかけてくる目に見えない「大いなる力」を表している。

さらに道元は、「本来の面目」を詠ずとして、

「春は花　夏ほととぎす　秋は月　冬雪さえて　すずしかりけり」

の一首を残している。まさに、日本の四季、自然の姿そのものであり、その自然の営みの中にいのちそのものとその働き（智慧）を見出している。そして、さとりとは自分自身の中に働く「いのちそのもの」に目覚めることと説く。

『正法眼蔵』の「山水経」の冒頭に、

「ここに云う山水とは、古仏の解脱の相を現わす言葉である。山も水もともに本来ありのままの場にあって、真実を究め尽くしている。空劫以前の、あらゆる世界存在以前の姿にあることによって、普遍的な現在を活き活きと示している」（石井恭二訳『現代文訳　正法眼蔵2』河出書房新社）

とある。今目の前にある山や川は、そのままで古くから伝えられてきた仏の教えを表している。山は山としての本来のありかた、水は水としての本来のありかたに徹することによって真実を極め尽くしている。それは人間の思惑をはるかに超えた永遠の時の中の現在を表しており、過去とか現在とかいった時間の観念を超えている、と壮大な自然観を述べている。さらに、自己について、「朕兆《ちんちょう》未萌《みぼう》の自己なるがゆゑに、現成の透脱《とうだつ》なり」（増谷文雄『正法眼蔵（二）全訳注』講談社）と述べ、歴史が始まるよりもはるか以前から永遠の時の中の現在に生きる自己であると説いている。つまり、自己のいのちそのものは永遠の中に生きており、現在の体は単なるいのちの働き場にすぎないといっている。

「山の諸功徳高広なるをもて、乗雲の道徳、かならず山より通達す。順風の妙功、さだめて山より透脱するなり」（増谷、前掲書）

山には山のさまざまな良さ、高さ、広さといった功徳があり、それを知ることによって、仏道の徳性、

仏心は山から雲に乗って今そこに到達すると説いたうえで、道元は、

「山の運歩は人の運歩のごとくなるべきがゆゑに、人間の行歩《ぎょうほ》におなじくみえざればとて、山の運歩をうたがふことなかれ」（増谷、前掲書）

と説いている。山は人と同じように動いている。人の動きと違うからといって山が動いていることを疑ってはならない、というのだ。

さらに、古仏雲門文偃《うんもんぶんえん》の言葉「山是山、水是水」を引いて、

「やまこれやまといふにあらず、山これやまといふなり」

と述べている。ただそこにある山を山と言っているのではない。いのちとしての山を山と言っているのだ。

「そうであるから、やまを学ぶべきである。山をこのように究めれば山の本質が現われる。山水とはこのような山水であり、（中略）山水はそのまま仏経である」（石井、前掲書）

と説いて山水経を結んでいる。自然そのものである山のいのちのありようがわからないと自己もその永遠のいのちの中に生きていることがわからない、と言いたいのだ。ここに、外来の仏教が日本人の精霊信仰的な自然崇拝と接触し、変容を遂げた一つの姿がある。

日本人は古来、山に特別な意識を持っていた。山にある森や川、湖沼、そこに生息する生き物といった自然そのものに霊力を感じ、神を認識してきた。死後の霊も山にのぼると信じられてきた。仏教は高野山を開いた空海、比叡山を開いた最澄以降、その山を媒介にすることで人々の心の中に浸透していった。自然に深く触れ、自然といのちの関係を実感することで人々は神の姿を感じ、仏の気配を感じるよ

うになった。道元はそれを禅思想として体系づけたのだ。

よく見かける禅画に、丸い円を描いただけの円相画がある。中国禅宗三祖、僧璨は、

「円なること太虚に同じ、欠くることなく、余ること無し」

と詠んでいる。丸く欠けたところがない円に、限界のない、そして余すところがない宇宙全体、つまり森羅万象を見ている。そこには内外一如の禅思想がある。心と体、いのちともの、家の内と外、すべてが一つであるという考えである。円という、ある限られた空間の中に凝縮された宇宙が示されている。

日本人は石庭や盆栽など、つくられた小さな自然の中に大きな自然、宇宙をみてきた。遠くの森や山を借景にした庭園もある。そこには花や草、樹木、水、石や岩すべてのものに自然の営みを感じ、いのちを意識する日本人特有の自然観がある。つくられた小さな自然から広大な宇宙に思いを馳せる時、人の心をあらゆるこだわり、執着などの煩悩から解き放つ力が発揮されると禅思想は説いている。そこには自然と私、宇宙と私の間に何も隔てるものがなく、私も自然の一部であるという自然観、生命観が生まれるというのだ。「森羅万象ことごとくこれ法身仏の露現」と説く禅思想は内外一如に煩悩から解放されたさとりの境地を見出している。時代は道元が山に修行の場を求め曹洞宗を開いてから百年たっている。自然界の中に身をおき自分を意識することによってさとりを開こうとするのではなく、自然界を身近に取り込むことによって自分を磨こうとする思想に変化している。自然を身近に取り込むという行為は日本人の好みに合っていたのだ。ここにも、日本人特有の自然観に適応した仏教の姿がある。

日本人の自然観の中には無常観がある。日本人は春夏秋冬の四季がはっきりし、常に変化する自然の中で暮らしてきた。豊かな自然に恵まれ、その恵みを享受してきた一方で、台風や地震、津波などの自

然災害にたびたび見舞われてきた。そんな不安定な自然の中で暮らしてきた日本人は無常観を太古の昔から抱いてきた。

世間の衆生は常（不変）ではなく、仏や涅槃こそが常であると説く仏教は、日本人がもともと持っていた無常観と調和した。この世の現実存在はすべて、姿も本質も常に流動し変化するものであり、一瞬といえども存在は同一性を保持することができないという「諸行無常」は仏教の基本思想の一つだ。ただし、日本人は「無常」の言葉の中に、滅びゆくものへの無限の同情、共感や哀愁の感情、あるいは人生のはかなさに対する繊細な感覚を込めている。

「祇園精舎の鐘の声、諸行無常の響きあり」で始まる「平家物語」や「ゆく河の流れは絶えずして、しかももとの水にあらず」で始まる鴨長明の「方丈記」を引くまでもなく、仏教的無常観は日本人の意識の中に深く浸透して違和感がない。よく知られている「いろは歌」の「いろはにほへどちりぬるを　わがよたれぞつねならむ　うゐのおくやまけふこえて　あさきゆめみじゑひもせず」も涅槃経の「諸行無常　是生滅法　生滅滅已　寂滅為楽」を詠んだものといわれている。

日本人の無常観は美意識にもつながっている。永遠なもの不変なものよりも、移ろいゆくもののはかなさに美を感じる傾向が強い。平安時代の文学作品に出てくる「もののあはれ」は、自然や人生の出来事に触れて起こるしみじみとした情感や、無常観的な哀愁を表したもので、日本人の美意識を代表する概念の一つである。日本を代表する花の一つであるサクラが春にいっせいに咲きほこり、そしてはらはらと散る姿に日本人は心を惹かれるのだ。

6　昔話にみる自然観

日本の昔話には、ヘビやクマ、キツネ、タヌキなど、さまざまな動物が登場する。その中には、動物が人に、また人が動物に変身する変身譚がある。民俗史家の中村禎里は日本の昔話とグリム童話を比較し、グリム童話の変身譚は、人が動物に変身する話がほとんどだが、日本のは動物が人に変身する話が多く、人が動物に変身する話の二倍以上あることを指摘する。ちなみに、変身譚に登場する動物で最も多いのはキツネ、つづいてタヌキ、ネコ、サルの順で、人への報恩や悪戯の話が多い。

中村は、動物の変身譚を四つの時代に分け、それぞれの時代に登場する動物の特徴をまとめている。第一期は、古事記、日本書紀、風土記で、八世紀である。ヘビ、イノシシ、シカ、クマ、ワニ（サメ）、トリ、カメ、イヌが登場する。その中で、ヘビ、イノシシ、クマは縄文時代の土偶や土器の装飾に写実的に表現されている。トリは弥生時代の木偶に、イヌは古墳時代の埴輪に現れ、神話と偶像との強い相関が認められる。

とくに、ヘビは日本書記、古事記や風土記の中にしばしば登場する。スサノオノミコトが八岐大蛇を退治して天叢雲剣《あめのむらくものつるぎ》を得た「肥河上《ひのかわかみ》なる鳥髪《とりかみ》の地」の話はよく知られている。古事記の大国主神の国づくりでは、スサノオが娘の須勢理毘売命《すせりびめのみこと》を寝取った大国主神をヘビの部屋に寝させようとした。また、神有月に出雲に集まる八百万の神を先導するのは大国主の使いである龍蛇神だ。ヘビは民俗信仰で家や土地の守り神であり、それぞれの国や地方のカミとして大和朝廷の祖に服従させられたものとして描かれている。古事記で山幸彦が海幸彦の釣針を探しにワタツミノカミ（海神）の宮殿に行き、そこで結ばれたワタツミノカミの娘、豊玉姫は八尋《やひろ》和邇でワニという説が一般的であるが、出産の時本来の姿になり、這ってうねりくねりしていたことからウミヘビの化身という説もある。この時生まれた御子ウガヤフキアエズノミコトと玉依姫との間に生まれた末子が神武天皇である。地上の支配者と水神の象徴である八尋和邇との間に神の子が誕生するという象徴的な意味を持っている。ヘビは心理学者のカール・グスタフ・ユング（スイス）のいう「人類に普遍的な無意識」に深く関わっており、世界の諸民族の神話や図像表現に登場する。旧約聖書の創世記でイブをそそのかしアダムに禁断の木の実を食べさせたのもヘビだった。

第二期は、日本霊異記、今昔物語、大日本法華経験記などで、九～十二世紀である。第一期の動物に加えて、キツネ、サル、ウシ、ウマ、ネコ、昆虫類が登場する。この時代は仏教の思想が浸透した時代であり、動物が死を媒介として人に変身する話が見られるようになる。この時代の象徴的な動物はヘビとキツネである。ヘビは古事記、日本書紀の話を継承している。キツネは九世紀初めに神またはその手先とする信仰が存在し、地方豪族の始祖伝説と結びついたと考えられている。

第三期は、御伽草子、古今著聞集などで、十三～十七世紀である。第一期、第二期の動物にタヌキが加わる。タヌキは人に悪戯をしたり、間抜けな化けかたをしたりもするが、妖怪として現れる時はヘビに代わる山神の末裔と考えられている。

第四期は、十八世紀以降に記録された昔話である。太平百物語、甲子夜話、梅翁随筆などがある。この時代の動物の変身譚は中世のと大きな変化はなく、タヌキとネコ、キツネが主流である。

動物の変身譚の中には人と動物が交わる異類婚がある。童話研究家の小澤俊夫は世界の民話を分析し、その特徴を三つに分類している。

Ａ：動物と人間が全く同類（古代的一体観）

Ａ’：古代的一体観を引き継ぎ、人間と動物との間の変身は自然のこととして起き、人間と動物との結婚も異類婚としてよりはむしろ同類婚のごとく行われている。イヌイット、パプアニューギニアなどの自然民の民話にみられる。

Ｂ：変身は魔術によってのみ可能であると考えられており、人間と動物との結婚と思われるものも、実は人間でありながら魔法によって動物の姿を強いられた者が、人間の愛情によって魔法を説かれ元の人間に戻ってから人間と結婚する。ヨーロッパを中心としたキリスト教民族にみられる。

Ｃ：Ａ’とＢの中間に位置する。日本の民話はこれに該当する。魔法という概念を媒介とせずに変身が行われたり、動物そのものと人間との結婚が語られる点で、Ａ’の動物観を含んでいるが、人間と動物との隔壁は厳しく守られている。

異類婚に登場する動物は人間に対する自然を象徴しており、人と自然との関係でみてみると、Ａ’は動物と人との相違があまり語られず、人が自然の一部として、一体となって生きている文化、Ｂは人と自然が分離し、対峙している文化、Ｃは人と自然は最初は一体のようであるが、どこかの時点で人は自然と異なるものとして意識する文化、ととらえることができる。

人と自然との関係は、人間の心の中のこととして、意識と無意識の関係に置き換えられると考え、日本の昔話を主に西洋の民話と比較しながら日本人の心の深層構造を明らかにしたのが、臨床心理学者の河合隼雄である。

西洋人は意識が無意識と明確に区別され、意識の中心に自我を持ち、意識と無意識を含めた心全体の中心に自己を無意識に持っている。したがって、西洋人は無意識と切り離され、確立された自我意識が無意識の中の自己といかに関わりを持ち全体性を回復するかが重要となる。西洋人の自我意識は男女を問わず男性像によって示され、唯一の男性神を天に頂くため、すべてのことが二分法によって判然と分類され、明確な意識をもって物事を裁断していく。

昔話で無意識の世界は判然とした意識によって「おとぎの国」として明確に区別される。男性的な自我としての英雄は「おとぎの国」に出かけ、そこで怪物にとらわれた女性に巡り合う。物語は英雄が怪物を退治して女性を救い出し、結婚するというハッピーエンドで終わる。ここで、男性と女性の結合は、いったんは無意識と切り離された自我が自立性を獲得し、一人の女性を仲介役として無意識と再び関係を結ぶ象徴的意義を持っている。

これに対し、日本人は意識と無意識の境界が鮮明ではなく、意識も中心としての自我によって統合されていない、無自我の状態にある。しかし、日本人は心全体としての自己に西洋人よりもよく気付いており、その意識は無意識内の一点、自己へと収斂される形態をとっている。日本人は意識と無意識の境界も不鮮明なままで漠然と全体性を志向している。

西洋人の自我意識が男性像によって示されるのに対し、日本人の自我意識は女性像によって示される。その女性は無意識と切れた関係にはなく、関係を保存したままで自分の位置を意識の中に確立しようとするが、意識と無意識の結合には至らず、すべてを失った無の状態になる。昔話では、「うぐいすの里」にみられる「見るなの座敷」のパターンである。「おとぎの国」は容易に「この世」と結合し、動物の化身である女性は人間界にやってくるが、自分の正体が知られると去ってしまい、何も起こらなかった元の状態に還る。

境界を不鮮明にしたままで全体性を求める日本人の態度は、自然に対する態度にも反映されている。色彩とか四季折々の変化、植物や動物など一切を含んだ風景が心の中の観念として重要な地位を占めている。自然との一体感を大切にする日本人の国民性と、対象との戦いに重点を置く西洋人の国民性の違いが如実に表れている。

また、女性像によって示される自我意識は受動的であることに特徴があるが、その背後には無意識界の神の存在があり、無意識と切れた存在ではなく、無意識との調和と共鳴の中に存在し、無意識から送られてくるメッセージに対応して能動的、積極的な行動力として表れることがある。「意志する女性」である。「手なし娘」や「炭焼長者」の昔話がそれにあたる。

「手なし娘」は、継母のいうことばかり聞いている父親に両手を切られ山奥に棄てられた娘が、ある時若者に出会い、結婚し、子どもも生まれ、手も元どおりになり幸せになるという話である。グリム童話にも父親に手を切られる「手なし娘」の話がある。グリム童話の娘は手を切られる時には受動的だが、自ら決心して家を出るという明確な意思を持っているのに対し、娘の決意や意思があいまいなままに悲しみや恨みが述べられる日本の「手なし娘」は、男女を問わず、日本人の一般的な生き方に通じている。

これに対し、「炭焼長者」では、話の最初に東と西の二人の長者が登場し、どちらにも子どもが生まれることが語られる。西長者はふとしたことから、にら（竜宮）の神が寄木に、東長者の子は女で「塩一升の位」、西長者の子は男で「竹一本の位」をつけたと話しているのを聞き、生まれてくる子の運命を知ってしまう。自分の子の不運を知った西長者は一計を案じ、幸運を持って生まれてくる東長者の娘との婚姻を東長者に約束させる。やがて西長者の息子と東長者の娘は父親の願いどおりに結婚し、しばらくは一緒に暮らすが、女房の一生懸命に尽くそうとする態度に対し、夫は全く高慢であった。ここで、女房は覚悟を決め家倉を夫に残して自らは家を出てゆく。門を出たところで二柱の倉の神が、高慢な「竹一本の位」の夫に見切りをつけ、心も姿も美しく働き者の炭焼五郎のところに行こうと話をしているのを聞き、女房もその男のところへ行こうと決心し、次の日の夜まで歩いて男の家を探し出し自らプロポーズする。そして、二人が結婚した翌朝、炭焼竈から多くの黄金を発見する。理不尽な夫の言動を黙って受け入れる態度は受動的だが、ある程度以上は耐えることをやめて自ら決意し行動する「炭焼長者」の女性は爽やかであり、河合は、日本人の新たな自我像を示すものであると述べている。そこには日本人の精霊信仰的な自然観も、無意識界の神とそこから送られてくるメッセージとして描かれている。さらに、「意志する女性」の日本人像には、和辻哲郎が「受容的、忍従的構造」だが、「季節的、突発的」と評した日本人の形態をみることができる。

第2章　自然との共生

1　定住生活以前の風土

日本列島に現生人が住み始めたのは四万〜三万五千年前頃といわれている。縄文時代以前の遺跡は北海道から沖縄まで一万カ所近く発見され、主として石器が出土している。日本列島には大陸との間に幾度となく陸橋が形成され、そこを通って北からマンモス、ヘラジカ、バイソンが、南からナウマンゾウ、オオツノシカなどの大型哺乳類が渡ってきた。これらの大型哺乳類を追って、狩猟を主体とした人々が日本列島に渡ってきたと考えられている。

最終氷河期の最盛期にあたる二万年前、気温は東日本で七〜八℃、西日本で五〜六℃現在より低かったとみられている。氷床が拡大し、海面が現在よりも一〇〇メートル以上も低下したため、暖流である対馬海流が日本海に流れ込まなくなり日本海の表面水温が低下したと考えられる。このため冬に大陸から吹く季節風によってもたらされる日本海側の降雪量は激減し、北海道や中部日本の山岳地帯では森林限界高度が降下して裸地や草原が発達し、寒冷かつ乾燥した大陸的な植生が日本列島に成立した。北海道には亜寒帯性針葉樹林や森林ツンドフ、東北地方は亜寒帯性針葉樹林、関東から西日本にかけては針葉樹と落葉広葉樹の混合林が分布していた。しかも、内陸部においては、北上川上流のようなさほど標高が高くない地域でも乾燥気候に対応した草原が発達していた地域があったと考えられている。

最終氷河期には北海道だけが大陸とつながっており、大陸との間で人の往来があったとみられている。北海道の遺跡数は他の地域に比べて圧倒的に多く、高い人口密度を擁していた。この時代の石器は細石刃によって特徴づけられる。長さが二、三センチメートルの細石刃を骨や木の軸に刻み込んだ溝に沿って列状に植えこみ、刺突用の槍やナイフに仕立てたものだ。こうした細石刃文化は大陸側にも広く分布し、北海道と大陸が同じ文化圏にあったことを示している。

最終氷期を過ぎると気候は温暖化と寒冷化を繰り返しながら間氷期へと向かい、急激に暖かくなっていった。一万二千九百〜一万一千五百年前の寒冷期を過ぎると気候は温暖化し、一万年前には現在よりも二℃低かった気温は六千年前には現在より一℃高くなった。この温暖化で高緯度の大陸に広がっていた氷床が融け海面が上昇した。この海面上昇によって日本列島は完全に大陸から離れ、現在の姿に近いものになった。

このような最終氷河末期から完新世初頭にかけての急激な温暖化、湿潤化は植生にも大きな影響を及ぼし、約一万三千年から五千年前頃にかけて現在みられるような植生へと次第に変化していった。中部地方以北ではカバノキ属などが優占する森林を経てブナ属やナラ属が優占する落葉広葉樹林が、西日本から関東地方の平野部にかけてはナラ属などが優占する森林を経てシイ属、カシ類などの常緑広葉樹を主体とする照葉樹林が広がった。六千年前から気候は再び寒冷化に向かい、二千五百年前には現在よりも一℃低くなった。

2　定住生活の始まりと自然の利用

(1) 縄文人の台頭

定住化を後押ししたのは土器の製作と使用である。最終氷期から間氷期に移る一万六千年前から一万一千五百年前とされる。それは人類文化の飛躍の引き金となった。食物の煮炊きが可能になり食料にする対象物が拡大したのだ。東アジアでは古くから土器の製作が始まり、日本では青森県津軽半島の中央部、陸奥湾に注ぐ蟹田川左岸の河岸段丘にある大平山元遺跡から旧石器時代の特徴を持つ石器とともに土器片、石鏃《せきぞく》が出土している。土器片に付着していた炭化物の年代測定から、この土器は一万六千五百年前のものと推定された。土器片には縄による施文や貼り付けなどの装飾がなく、無文で縄文文化の草創期にあたる最古のものである。煮炊きが可能になることでクリ、クルミ、トチ、ナラ、カシの実などの堅果類、クズ、ワラビ、ウバユリ、ヤマイモなどの野生の根菜類を食料とすることができた。

縄文文化の進展にはいくつかの画期があった。土器の製作、使用に続いて起こったのが早期における貝塚の形成である。食料が陸上のみから海水産資源に拡大されたのだ。さらに、あく抜き技術の確立がある。前期か遅くとも中期までには定着した。堅果類のうち、クリやクルミはそのまま食べられるが、トチの実は有毒のサポニンを含むため食べるには長時間水にさらしたり、灰を加えて加熱し、あく抜きをしなければならない。また、ナラ類やカシ類の実の多くはタンニンなどを含むため苦みが強く、あく抜きが必要である。クズ、ワラビなどの根菜類も縄文人の重要な食料だが、やはりあく抜きをしないと食べられない。あく抜きの技術は食料の対象を広げる重要な役割を果たしたのだ。

次の画期は作物の栽培化と家畜の飼育である。エゴマやリョクトウ、ヒョウタンが小規模ながら栽培されていた。また、堅果類や根菜類などの可食植物を半栽培的に管理した。他にも、イノシシを飼育していた可能性がある。これらの食料対象物をはじめそれらをとりまく自然の要素との関係に対する正確な知識の蓄積によって食料の獲得がもれなく行われていた。それによって、すべての行動の年間生業スケジュールが計画的に遂行され、食料事情を安定に導いていった。

もう一つは土偶など、呪術、儀礼に関わる道具の発達である。土偶に顔がつくられヒトらしくなるのは前期の中頃からである。ただ、土偶の顔には写実的なものがあまりなく、奇怪な表情の仮面をかぶっている。また、土偶は完全な形のものが少なく、故意に壊されたとみられるものも多い。病気や障害の快復を祈り、安産を祈願するなどの呪具、あるいは集団の安寧や繁栄、豊穣を祈願した信仰具と考えられている。

主に長野県の中部山岳地帯で大量の土偶がつくられた。それは中期以降とくに顕著となる。そこには一つの大きな転機があった。中部地方の長野県で遺跡の数が急増したのだ。縄文時代前期には八〇〇くらいだった遺跡数が中期になると二二〇〇～二三〇〇になった。火焔土器とか、ヘビやカエルなどの文様を持つ土器もつくられるようになった。

ヘビは非常に写実的に描かれている数少ない例である。ヘビは食料として縄文人に積極的に利用された跡はなく貝塚などで骨が出土した例も少ないにもかかわらず、土器などの装飾に描かれており、縄文人の精神世界に深く関わっていたと思われる。ただ、写実的なヘビが現れるのは縄文時代中期の中部、関東地域とその周辺に限られ、後期になると再び抽象化されていく。縄文時代中期は一種の精神革命が起こった時代である。

このような変化が起こった原因は気候変動である。およそ六千年前の縄文時代前期末、気候が寒冷化し始めたのだ。この気候変動は地球全体で起こり、四大文明発祥の引き金になったといわれている。これまで順調に発展してきた縄文社会に大きな転機が訪れた。縄文時代前期の中頃には内陸まで入り込んでいた海岸線が寒冷化によって縄文時代中期にはぐっと後退した。東京湾の海岸線でみると、現在の大宮あたりまで入り込んでいた海岸線が三〇キロメートルくらい後退した。これまで貝殻や魚など内湾の資源とクリやクルミなどの植物食に頼って生活していた縄文人は生活が成り立たなくなってしまったのである。海岸に立地していた縄文時代前期の遺跡は放棄されたものが目立ち、中期以降、長野県の中部山岳のようなところに異常なほど遺跡が集中するようになる。福井県の鳥浜貝塚は赤漆塗りの櫛や丸木舟などが出土し、縄文のタイムカプセルと呼ばれている縄文早期から前期にかけての遺跡だが、五千年前に突然居住が放棄されている。六本柱の大型掘立柱建物で有名な青森県の三内丸山遺跡は千年以上続いたが、四千二百年前にやはり突然放棄されている。一方、その頃、長野県の中部山岳地帯では、ドングリやクリなどの堅果類とクズ、ワラビなどの根茎類を集中的に管理、維持する半栽培的な草地利用技術が確立し、それらの植物食とイノシシやシカなどの陸上の動物、それにサケ、マスなどの河川の魚類の狩猟、採集によって安定した生活が営めたのだ。

（2）落葉樹林帯と照葉樹林帯の違い

縄文人が定住生活を始めて安定した経済基盤を築けたのは、植物食を獲得したことが大きな要因である。それは森林の植生と関係が深い。およそ九千年前の縄文時代早期前半は本州の大部分が落葉広葉樹林だったと推定されている。西日本はクヌギ、コナラを主体とする暖温帯林、東日本はブナを主体とする冷温帯林だった。縄文時代中期にかけて温暖化が進むと、東日本は暖温帯林、西日本はシイやカシを主体とする照葉樹林に変わっていった。

クヌギ、コナラを主体とする東日本の落葉広葉樹林は冬に葉を落とし、林床植物であるワラビ、ゼンマイ、フキ、クズ、ヤマイモ、キノコなど、縄文人が食料とした植物が豊富である。縄文人はブナ、クヌギ、コナラなどが樹生していた森林を、集落をつくる時にクリ、クルミを残して伐採し、大部分をクリ、クルミ林として、林床植物が生えやすい環境を整え維持、管理した。これらの木の実は、クリは澱粉質、クルミは脂肪質を豊富に含んでおり、食料資源としての価値が高い。火入れも恒常的に行われていたことが土壌分析でわかってきている。

鳥浜貝塚から出土した食べ物の分析では貝類が全重量の六〇～八〇パーセントを占め、クルミ、クリ、ドングリ類、ヒシなどの堅果類が二〇～四〇パーセントであった。熱量ベースでは堅果類で四〇パーセント以上を占めていた。歴史学者の小山修三が『斐太後風土記』をもとに江戸時代末期から明治時代初期の飛騨地方の食料資源を調査し、縄文人の食料を推定している。この時代、飛騨地方ではヒエ、ソバ、コムギ、ダイズなどの耕作の他、生業として野生動植物の採集が広く行われていた。それによると、最も多かった野生食品はクリ、トチ、ナラなどの堅果類であった。ついで、海抜一〇〇〇メートル以上の地域ではワラビが、それより低い地域ではクズが利用されていた。一人一日当たりの摂取カロリーは一九三〇キロカロリーで、当時の平均水準一八五〇キロカロリーを上まわっており、堅果類が全体の約七七パーセントを占めていた。堅果類を主食とし、それに野生の根菜類を加えることで安定した自給自足の生活が可能になる。ただし、これではタンパク質が不足するので、サケ、マス、貝類などの漁労や、シカ、イノシシなどの狩猟で補っていたのだ。

一方、西日本はシイやカシなどの照葉樹林が主体で、年間を通して林床に光が届かないため日光を必要とする草木が育ちにくく、林床植物に恵まれない。さらに、シイやカシの実であるドングリは澱粉質であり、脂肪質のクルミを含む東日本の木の実に比べて食料資源として貧弱である。このため、西日本では縄文時代の早い時期から焼畑によるアワ、ヒエ、ソバの他、サトイモ、野イチゴ、マタタビ、サルナシ、ヤマグワ、ニワトコ、カラスザンショウ、キハダ、ヤマブドウなど雑草と共通の種類のものの栽培が初期農耕段階として行われていたと考えられている。これらの作物の栽培は稲に比べると生産量が少なく人口支持力は決して大きくはないが、社会は相対的に安定していた。東日本が恵まれた自然環境の中で集落を拡大し人口を増やしていったのに対し、西日本は自然環境に見合った穏やかで堅実な発展を遂げていったのだ。縄文時代で最も人口が多かった中期の総人口は二六万一〇〇〇人であったが、その七九パーセント、二〇万五〇〇〇人が東日本の中部、関東地域に住んでいた。人口密度は一〇〇平方キロメートル当たり二六〇〜三〇〇人に達している。採集狩猟生活をしていた十六世紀初頭の北アメリカ先住民の人口密度が平均で一〇〇平方キロメートル当たり三〇〜四〇人程度、高い部族でも一五〇人程度であることから、中部、関東地域の人口密度はきわめて高い水準にあったことがわかる。これに対し、近畿以西の総人口は九五〇〇人、全体の三・六パーセントときわめて少なく、人口密度は比較的高い九州でも一〇〇平方キロメートル当たり一三人、他の地域は一～八人であった。

集落をつくる環境の違いは、東日本と西日本の社会の成熟、生業形態、文化に大きな違いをもたらした。東日本の落葉樹林帯に適応した縄文人は、石鏃や釣針、銛など狩猟や漁労による食料資源の調達や収穫物の調理のための骨角器などの製作、加工に必要な工具類を発達させ、成熟した採集狩猟社会を形成した。これに対し、西日本の照葉樹林帯に適応した縄文人は、石斧や石皿、磨石といった、植物性食料資源の調達やあく抜きなどの各種活動に関係の深い道具を発達させていった。縄文時代の後期、晩期になると両者の発達の違いはそれぞれの生業形態、生活文化の差になってはっきりと表れてきた。それは土器の発達の違いに代表される。縄文時代後半から磨消《すりけし》縄文文様の発達した土器が北海道から九州に至る全国に広がった。晩期になると東日本では亀ヶ岡式土器に代表される華麗な土器が発達したが、西日本では後期に文様が消滅し、全面をへら状工具で磨研した黒色光沢の質素な土器が多くつくられ、さらに後期後半からは、粘土を口縁部や胸部に帯状にめぐらす突帯文土器が広く分布していった。

さらに、自然の豊かさに恵まれず成熟した採集社会の十分な形成をみなかった西日本は、自然に働きかけて食料を生産する初期的な農耕社会へと発展させる傾向が生まれてきたと考えられる。それは弥生時代初期に水田稲作農耕を伴う弥生文化が北九州から伝播する際、それを容易に受け入れる地域とそれに抵抗する地域の違いとなって表れた。つまり、弥生時代の初期に遠賀川《おんががわ》式土器に代表される農耕文化は、縄文晩期に突帯文土器の分布していた西日本地域に急速に広まった。しかし、突帯文土器の分布している東端までくると、伝播が一時的に停止したことが知られている。東日本地域は落葉樹林帯の自然

図２　円筒形深鉢土器
(Wikimedia Commons、メトロポリタン美術館所蔵)

に適応した採取狩猟社会が成熟していたため、縄文社会の強い抵抗にあったと思われる。
民族学者の佐々木高明は、採集・狩猟社会から水田稲作社会への移行について次のように述べている。

水田の造成にはたいへんな労力と時間と技術が必要で、それらをあえて投下して、水田の造成を行うためには、水田化が稲作にとっていかに有利であるか、ということがよく知られていなければならない。ということは、作物、とくにイネ科の作物栽培のための条件について、正確な知識と経験が長期にわたって共同体のなかに蓄積されていることが必要であろう。(佐々木高明『縄文文化と日本人』講談社)

加えて、イネの脱穀、稲穂や種籾の処理や貯蔵、コメの調理など、一連の過程の知識と技術、道具類が用意されていなければならず、単なる狩猟・採集民が短期間に水田農民に転化するのは難しいと指摘し、西日本に展開していた初期的な農耕社会の果たした役割りについて、次のように考察している。

縄文時代の《採集・狩猟社会》から弥生時代の《水田農耕社会》への移行に際しては、縄文時代の後・晩期に西日本に展開していたこの照葉樹林型の焼畑農耕を営む《初期的農耕社会》の存在が、きわめて重要な役割をもっていたと考えられる。この《初期的農耕社会》の存在によって両者が媒介され、大きなカルチュラル・ギャップを生むことなく、スムースに《狩猟・採集社会》から《水田農耕社会》への移行が、日本列島では行われたものと思われるのである。(佐々木、前掲書)

稲の葉に含まれる珪酸が化石化したプラントオパールは、縄文時代前期にあたる六千年前のものが岡山県の彦塚貝塚から発見されている。畔などは発見されていないので焼畑で他の植物と一緒に栽培されていたと思われる。稲のプラントオパールは九州、中国地方の縄文時代前期から晩期にかけての多くの遺跡から発見されている。

（3）縄文人の食料事情

縄文時代前期の頃から縄文人たちは定住的な集落をつくって住むようになった。東日本の典型的な集落遺跡はなだらかな台地上の雑木林の中にある。近くに湧水があり小川が流れている。集落は一棟だけのものや三棟前後のものが多く、親子二世代や孫を含めた三世代程度で構成されていたとみられている。集落は親族群として最も強い絆を持つとともに日常生活でも支障が起こらない範囲であり、縄文集落の基本的な大きさであると思われる。緩やかな親族グループで結ばれた三〇人前後の集団はバンドあるいはホルドと呼ばれ、狩猟採集社会に普遍的にみられる。

このような小規模集落の他に拠点となる集落が日本各地に存在した。このような集落は、棟の数が一〇棟から大きい集落では数十棟になったようである。縄文時代前期中葉から中期末葉まで千年以上続いた青森県の三内丸山遺跡は五〇〇棟を超える大規模集落だが、このような集落は何世代にもわたってつくられたもので、一時期のものとしては二〇棟ぐらいである。拠点集落の特徴は、住居群が親族ごとにいくつかのグループに分かれて、広場を囲むように環状か半円状に並んでいる点だ。中央の広場は、各種の共同作業や行事、祭祀の場となり、複数の親族が共同生活を営むために重要な役割を果したとみられている。

住居は中央に炉を持ち、煮炊きや貯蔵用の土器、労働具の石器があり、時には土偶や石棒といった祭りの道具まで揃っている。住居には単なる睡眠、休息、団欒などの物理的空間を超えた観念的、抽象的意味合いがあったと考えられている。その一つが床面中央の炉である。火の象徴的聖性は今日の生活においてもいろいろな場面に認められ、その原点が縄文住居の炉に始まっている。縄文住居では床面に必ず炉を設定し、さらに奥の一角に祭祀施設を置いた。祭壇状立石などが発見されている。住居空間は縄文人にとって聖なる場だったのだ。弥生時代以降になると住居空間に祭壇はなくなり、祭壇に仮託した縄文人の心は消えてしまう。再び住居内に祭壇が設けられるようになるのは中世以降である。

住居の大きさは床面積が五平方メートルから三〇平方メートル以上のものまでさまざまだが、二〇平方メートル前後のものが多く、住居での一人当たりの面積は約三平方メートルと推定されるので、平均六、七人となり、一棟が独立した夫婦と子どもからなる単婚家族だったと考えられる。

三〇人程度のムラで採集狩猟生活をする場合の食料を考えてみる。夫婦二人と子ども四人の家族が五世帯、大人一〇人、子ども二〇人のムラである。主食である堅果類、トチを一人一日一キログラム食べるとすると、年間約一〇トン、採集する面積にして一五～二〇ヘクタールである。しかし、これだけではタンパク質が一人一日四〇グラムにも満たず、極端に不足してしまう。シカを月二頭、マスを月三〇尾程度加えると栄養満点である。トチを大人が一日約三〇キログラム採集すると仮定すると、大人一〇人で一〇トン採集するのに約一ヵ月かかる。トチノキが実をつけるのは秋の限られた期間だけなので、その時期にムラ人が総出で実を採集すれば半月程度の仕事である。シカを月に二頭程度ならば男たちの日常的な活動として十分可能である。マスを毎日一〇尾とりつづけるのはやや厳しいが、サケなど季節的に大量にやってくる遡河性の魚をとって保存する技術があればできないことはない。村が海辺にあれば、アサリなどの貝類をとることができる。このようにしてみると縄文人が食料を獲得するための労働量は意外と少ないことがわかる。縄文人は余った時間を道具類、土器、装身具や土偶などの製作にあてることができたのだ。砂漠や極北の過酷な環境下にあるブッシュマンやエスキモーなどの例をみても、狩猟採集社会の人々は短期間に集中して重労働を行うことはあっても全体として遊びの時間が多いことが知られている。

縄文人は狩猟具、漁労具、植物採集具、加工具など、食料の獲得とその利用、消費に直接関わる道具類のほとんどは、縄文時代早期の早い段階で開発をすませている。そして、それ以降は、生活用具、呪具、祭祀具、装身具などの社会的、精神的な要求に基づく道具類の開発へと向かっていく。代表的な生活用具が木工容器と編み物であり、その種類の多さと完成度の高さは縄文社会の豊かさを象徴している。木工や編み物は高い技術を持っていたが、とくに木工の技術は高く、新潟県御井戸遺跡から出土した取手付きの片口や水差し型の容器は赤い漆が塗られ、精巧に仕上げられている。編み物は、蔓植物や葦などのイネ科植物の繊維を利用したものと、木や竹を細く割ったものが使われ、綟《もじ》り編あるいは網代編によって、布や簾、籠などがつくられていた。

温帯の恵まれた自然の中で暮らしていた縄文人は私たちの想像以上に豊かでのんびりとした生活を送っていたのだ。ただし、生活が自然任せのため、異常気象や台風、大雪などによって木の実の量が激減するといった環境変化に弱かった。暖かかった縄文時代中期に二六万一〇〇〇人あった人口は寒冷化が進んだ晩期には七万六〇〇〇〇人にまで減少している。

（4）クリ材の利用

縄文時代の遺跡の中には、環状列石や巨大木柱遺構など、単純な採集狩猟の獲得経済からは考えられないような規模や構成を持つものが数多く発見されている。

長野県八ヶ岳の南山麓（いわゆる富士見平）にある縄文時代前期末の阿久《あきゅう》遺跡からは径が一二〇×九〇メートル、幅が三〇メートルの楕円形の集石遺跡が発見されている。一つの集石はこぶし大から人の頭大の石を数百個集めたもので、その集石が約三〇〇基帯状に配置され、組石墓の共同墓地だったことがわかっている。中央部には柱上の石や平らな石が敷かれ、祭場のような施設があったことがわかる。帯の外側には約三〇の住居址と八列の掘立柱を持つ方形の遺構があった。

中期の西田遺跡（岩手県）では、中央に径約四〇メートルの円形の墓地区画があり、中心から外に向かって墓が放射状に並んでいる。その外には掘立柱建物の並ぶ約一五メートルの帯、さらにその外側には住居と貯蔵穴がある。ともに、中心部に墓地を置き、同心円状の明確なプランを持っているのが特徴である。個々の墓が何世代かにわたって整然とした秩序のもとにつくられている。縄文人が祖先との霊的なつながりを重視し、祀っていたことがわかる。

後・晩期になると共同墓地は集落の外に置かれ、形が整い、よく整備された環状列石が東日本に多く現れる。青森県の牧野遺跡、秋田県の大湯万座遺跡（図3）、大湯野中堂遺跡が知られている。万座と野中堂の二つの環状列石の中心を結んだ線は夏至の日没方向を示している。

図３　環状列石（大湯遺跡）
（提供：鹿角市教育委員会）

石川県の真脇遺跡やチカモリ遺跡からは巨大な木柱列遺構が発見されている。縄文時代前期から後期にかけての真脇遺跡はたくさんのイルカの骨が出土したことで有名だが、クリ材の柱穴がみつかっている。フジの蔓が巻かれたまま残っているものもある。他にもたくさんの柱跡が残っており、なかには直径八〇センチメートルのものもあった。縄文時代後期から晩期にかけてのチカモリ遺跡では、一〇本ほどの柱が最大径八メートルの円形状に等間隔に並んで立てられている。この円柱はクリ材で一本が直径八〇センチメートルを超えるものもある。

巨木を押し立てる行動は世界の民族で例が知られており、北アメリカ先住民の立てたトーテムポールが有名である。レッドシダーの大木に祖先のシンボルを彫刻したものだ。トーテムポールの祭りには近隣の村から大勢の人が集まり、力を合わせて柱を押し立てる。ムラの首長はポトラッチと呼ばれる宴会を開き、豪華なごちそうをふるまい、火に財物を投げ込む。気前の良さが首長の力量であり、柱の太さ、高さ、重さがそれを象徴する。日本では、長野県諏訪大社の御柱祭が有名である。この祭りは六年ごとに行われ、八ヶ岳山麓で伐り倒した大木を三〇キロメートルも曳いて里の神社に運んで立てるのだ。柱を運ぶための加工法は真脇遺跡のそれとよく似ている。神木の大きなものは直径九〇センチメートル、長さ一八メートル、重さは八トンを超える。クライマックスは丸太を坂から落とし、すべり落ちる木に若者がまたがり、大勢の見物人の前で勇壮さを競うのである。

青森県の三内丸山遺跡からは直径一メートルもある柱の根元が発見された。長さは不明だが一〇メートルという説もあり、重さは一〇トン近くになる。六本の柱は三本一組が一列になり、それが二組、長方形の形に配置されている。三本が一列に並び、夏至の日の日の出、冬至の日の日の入りの方向を指し、長方形の対角線は春分、秋分の日の出と日の入りの方向を示している。六本という数には縄文人の世界観の中にみられる三と、三の倍数としての六の効果の要素が込められている。この遺跡で特徴的なのはその計画性である。集落は中央部で谷と大きな盛り土によって大型建造物のある西区画と竪穴住居群と墓址のある東区画に分けられている。西区画には径が一メートルの巨柱で支えられた高床式の建物や三〇〇平方メートルを超える大家屋など、祭祀的性格が強い空間がある。東区画には東北に長く延びる道路を挟んで土壙墓《どこうぼ》が列状に並んでいる。道路が少しくぼんでおり、遺体はすべて足を道路側に向けて葬られている。遺体が起き上がると道路を挟んで対面する形になる。さらに、盛土遺構には多数の土偶やヒスイの玉、故意に破壊された大量の土器が埋まっており、火を焚いた痕跡も多く、ここで祭りが行われるなどしたと考えられ、儀礼的な性格が強い。要するに、この集落を律しているのは祖先崇拝、つまり墓とそれに関わる儀礼だったといえる。しかも、その設計図は前期の段階でひかれ、千年以上工事が継続され、中期の最盛期には巨大な鳥が盛り土の羽を広げ、墓列の尾をひきいて飛翔するかのように見える。記念物の造営には膨大な年月を要する何らかの理由が内包されていたことになる。同じような性格の盛土遺構としては栃木県寺野東遺跡の環状盛り土が知られている。

3　北方系と南方系の自然利用

縄文文化は、「深い竪穴住居をつくって居住し、ムギと雑穀をつくる農耕を営み、ブタ（イノシシ）の飼育を盛んに行うとともに石鏃（弓矢）を用いて狩猟を行っていた」北方系の文化と、「イモ類を主とする栽培作物を持ち、網目文様の土器と繊維技術に長じた」南方系の漁民的文化の二つの要素を持っている。両者とも縄文文化の特徴をよく言い表している。縄文文化は両者が数千年の間に日本各地で混淆しながらつくり上げられた文化といえる。北方系の文化は朝鮮半島中・北部から中国東北部、沿海州からアムール川流域の文化と、南方系の漁民的文化は東南アジア（ベトナム）から中国南部にかけての文化と系統的につながるものが多い。

最初に入ってきたのは北方系の文化である。竪穴式住居は早くから全国に分布している。また、穴を掘って食物を貯蔵する文化も北方系である。北は北海道から南は鹿児島まで広く分布している。縄文土器は深鉢型が卓越しているが、この器形は北緯三〇度以北の冷涼地域に分布している。縄文時代のかなり早い時期から出現する弓矢やイヌなどもやはり北方系につながる文化要素とみることができる。日本語の「主語＋目的語＋述語」の語順は、中国を取り囲むユーラシア大陸の内部から東北部にかけての言語に共通してみられる特徴で北方系のものである。

このような文化要素によって特徴づけられる生活様式は、粛慎（挹婁）、勿吉、あるいは靺鞨などと称して史書に登場してくる松花江流域から沿海州付近に居住していたツングース系の諸民族によくみられる。『後漢書』挹婁伝には、「挹婁《ゆうろう》は古の粛慎《しゅくしん》の国なり。（中略）土地は山の険しき多く、（中略）五穀、麻布有って、赤玉、好貂《こうちょう》を出《いだ》す。君長無く、其の邑落に各々大人《たいじん》有り。山林の間に処《お》り、土気極めて寒く、常に穴居を為し、（中略）大家は九梯《きゅうてい》を接《つ》ぐに至る。好んで豕《ぶた》を養《か》い、其の肉を食らい、其の皮を衣《き》る。冬には豕の膏《あぶら》を以て身に塗ること厚さ数分、以て風の寒さを禦《ふせ》ぐ。（中略）又た射に善《すぐ》れ、発しては能く人の目に入る。弓の長さは四尺、力は弩《いしゆみ》の如し」（吉川忠夫訓注『後漢書　第10冊』岩波書店）とある。『後漢書』は一～三世紀の時代について記した歴史書だが、東アジアの北方系の生活様式の原型をよく著している。しかし、このような特色を持つ文化の成立時期や日本との関連についてはまだよくわかっていない。

ただ、沿アムール地方や沿海州、朝鮮半島北部の地域では紀元前二千年紀から紀元前千年紀のいくつかの遺跡で、コムギ、オオムギ、アワ、キビ、モロコシなどが出土し、ソバも栽培され、飼育ブタとみられる土製品が発見されている。日本でも北海道から東北の縄文時代後・晩期の遺跡でソバの花粉が発見され、栽培が行われていたことが確実視されている。イノシシの土製品は北海道から近畿の広い範囲で出土し、縄文時代後・晩期には飼育されていた可能性が高いといわれている。紀元前千年紀頃までに東北アジア地域にソバやムギを栽培し、ブタを飼育する文化が成立し、その文化の影響が縄文時代後・

晩期に東日本の一部に及んだものと考えられている。

一方、中国南部から東南アジア（ベトナム）に縄目文を持つ紀元前六千～五千年代の土器が広く分布する。大坌坑《だいふんこう》文化と呼ばれている。中国浙江省の河姆渡《かぼと》遺跡は紀元前五〇〇〇年にはすでに稲を持っていた。この遺跡出土の土器は、縄目文を地文に持ち、沈線文で飾られていることから、大坌坑文化と同系統のものとみなされている。この遺跡からは多数の石器、骨器が出土しているが、多数の骨でできた鋤の出土はインディカ型の稲がすでに主穀として耕作されていたことを示している。さらに、栽培作物としてヒョウタンがある。家畜としてブタ、イヌ、スイギュウが出ているが、それ以外にサル、ヒツジ、シカ、ゾウ、サイ、トラ、クマをはじめ鳥類、爬虫類、魚類に至るまで各種の野生動物を捕まえていた。河姆渡遺跡の人々は米を栽培しながらも他地域の初期農耕社会と同様に、狩猟、漁労などの野生食を盛んに利用していたことがわかる。この文化の標準遺跡とされる台湾の大坌坑遺跡の土器は大きな球状の壺と鉢が主な器形で厚手だが脆い。編目は日本の撚糸文に近く、ナワやヒモを絡ませた道具または叩き具によってつけられたようだ。やはり、稲とヒョウタンが出土している。台湾の考古学者・張光直は、大坌坑文化について、アジア・モンスーン帯の植生豊かな湿潤な熱帯海岸部が栽培植物の発祥地の一つと考えられること、栽培作物として有力なのはイモ類などの根茎類だとされること、その段階では漁業が生業として重要で網や縄をつくる素材としての植物繊維の採集、加工技術が発達し、それが土器文様に強く反映されていることを述べている。大坌坑遺跡はその文化の北端にあたる。しかし、その分布がさらに北に延びた日本列島の縄文文化にもヒョウタンが存在していることが確実となった。稲も六千年前の縄文時代前期には存在していた。

中国大陸で農耕文化がいっせいに出現する紀元前五千年頃、縄文社会にも大きな変化が起きたことが知られている。縄文時代早期の遺跡がほとんど台地に限られていたのに対し、前期の遺跡は台地をはじめ、山地、山麓、低地など土地利用が多様化した。それに合わせて遺跡の面積も大きくなっている。遺跡の土地利用も、早期のものはピットや炉穴など小規模なものであるのに対し、前期のものは貯蔵ピットや柱穴、炉址を持った竪穴式住居址が遺跡全体に数十の単位で発見されている。それとともに住居はしばしば中央広場をめぐって環状や半円形に配置されるといった計画性を示すようになり、数世代にわたって営まれることが多くなる。環状列石や盛土遺構など恒久性のある施設も出現する。さらに、海環境への活発な適応である。早期の段階から貝塚が盛んにつくられ、釣り針、銛、ヤスなどの漁具が発達し、外洋性の魚も盛んにとっていた。その最盛期にあたる六千年前頃から遺跡の数が飛躍的に増加する。それに対応して航海術も発達したらしい。栽培作物、玦状《けつじょう》耳飾り、高床式や長大な建築物など外来の文化要素のものが現れるのだ。縄文時代前期中葉から中期末葉の三内丸山遺跡（青森県）でも高床式の建物と大家屋が発見されている。オーストロネシア系の言語もこの頃日本に入ってきたのではないかといわれている。

日本は民族的にも文化的にも一様性がきわめて高いといわれている。しかし、その奥底には系統を異にした異質の民族、文化がいくつか横たわっている。日本文化の持つある種の柔軟性の本質は異質の文化の混淆の歴史にあることを私たちは知っておく必要があるだろう。

4　縄文人の自然観

縄文人の社会で頻繁に表れる一つの形がある。円である。集落は中央の広場を囲んで円形または半円状に家屋が立ち並ぶ。墓地も環状列石のように同心円状につくられたものがある。同心円文は土器の装飾にしばしば使われる。

縄文人はすべてのものが生きており、魂を持っていると考えていた。精霊信仰あるいは汎霊説と呼ばれ、世界の狩猟採集社会に共通した精神構造といわれている。幼児は人形や動物をまるで生きた人間のように扱い、語りかけ、遊ぶことがある。縄文人も幼児のような素直な感性で魂の世界の存在を信じていた。集落の中央広場や環状列石など同心円の中心にはカミがいたのだ。スイスの心理学者カール・グスタフ・ユングは、同心円の形は意識下に潜む無意識の最下層、「人類に普遍的な無意識」にある自己の元型に通じるものだと唱えている。ユング自身も自己を図式化し、同心円の図を描いている。類似した同心円の図は日本ではマンダラとして知られており、大乗仏教による大日経の胎蔵界曼荼羅や金剛頂経による金剛界曼荼羅が紹介されている。中心に描かれている主尊はいずれも大日如来である。

同心円をとりまく人間や生き物、雨、風、太陽、月はみな平等だという「円の発想」は、「和の発想」に通じる。だが、縄文人は友達のクマやイノシシを捕まえて食料にする。そこにはもう一つの縄文人の考えがある。

死を単なる生の終わりではなく、再生への通過点という縄文人の考えは、精霊信仰と同様、世界の諸民族の文化の古層に共通した死生観である。日常、死、カミの三つの世界が同じ円輪の上に連続して結ばれている。縄文人は死ぬとあの世に行って子孫になって帰ってくると考えていた。大人は死ぬと墓に葬られたが、死んだ子どもは壺に入れて住居の近くに葬られた。壺は母親の子宮であり、大人になれなかった子どもを母の子宮に還し、次の子になって生まれてくることを願ったものと思われる。

アイヌの祭りにイオマンテというクマ送りの儀式がある。普通に生きているものは死ぬとすべてあの世に行くが、殺されたクマはこの世にちょっと恨みを持ち、あの世に行きにくい。そのようなクマをあの世へ行きやすくする。イオマンテは殺されたクマを丁重にあの世へ送る儀式である。この世で丁重にもてなし、たくさんの土産を持たせてあの世へ送れば、そのクマはあの世のクマたちにこの世で人事にされたことを話す。そうするとあの世のクマたちも喜んでたくさん仲間を連れてこの世へ戻ってくる、ということで来年はたくさんクマが捕れる。縄文人もおそらく似たような世界観を持っていたと考えられる。

このような円の発想や循環の世界観はずっと日本の民俗社会の根底に継承されており、今でも残っている。民俗学者の柳田国男は日本人の世界観について、『先祖の話』の中で、「日本人の死後の觀念、即ち靈は永久にこの國土のうちに留まつて、さう遠方へは行つてしまはないといふ信仰が、恐らくは世の始めから、少なくとも今日まで、可なり根強くまだ持ち續けられて居る」。さらに、「あの世をさう遙かな國とも考へず、一念の力によつてあまたゝび、此世と交通することが出來るのみか、更に改めて復立歸り、次次の人生を營むことも不能では無い」と述べている。平安末期から鎌倉初期にかけて仏教の浄土信仰が説かれたにもかかわらず、死生観、他界観については原始的、古代的な考えにとどまっている。今の日本人は死後、霊魂になると考える人は少なく、死んだら灰になるだけと考えている人が多いにもかかわらず、盆には霊魂が残っているかのように先祖の霊を法要する。祖先、死者の祭祀は仏教にゆだねながら、日本人には原始的信仰が色濃く残っているのだ。

日本は暴風、豪雨、台風、洪水、豪雪、土砂崩れ、地震、津波など、災害の多い土地である。穏やかで豊かな自然の恵みをもたらしてくれる山や森の精霊も、荒れると人間には手がつけられない。そんな自然の猛威に縄文人は言い知れぬ畏れの念を抱いていたはずである。縄文人は自然界すべてのものに畏怖、畏敬の念を持ち、敬愛と親しみを持って接してきたのである。

5　縄文人と山

縄文人はカミに特定のイメージは持っていなかった。抽象的な表現が多く具体的なものは少ない。縄文人は多くの動物と関わりを持っていたにもかかわらず、土器や土偶に具体的な姿として描かれているのはヒト、イノシシ、ヘビぐらいである。ヒトの姿は精霊信仰的世界ではカミに近かったと思われる。その象徴が土偶である。その他は表現が稚拙だったり、デフォルメが激しかったりと、複合動物（キメラ）への傾倒が認められ、奇怪で不思議な雰囲気がある。これは神道において八百万の神の偶像が少ないこと、最初の神像とされる東寺八幡宮の彫像が神木を素材にしていることにも通じている。

縄文人は左と三の数にこだわりを持っていた。土器の文様は左右対称形をとるものが多い。顔面把手の顔の表現も左右対称形を原則とするが、左目だけが剝がされているものがある。縄文人の世界では左目と右目は別々の意味を持っていた。腕組土偶は右手を胸の下で横切らせて、左脇腹で折り曲げた左手首の関節部位にのせている。左手に壺を抱えている壺抱き土偶もある。左右が逆の位置をとる例はない。三筋縄は三本の縄を左撚りにしている。三の数字には聖数の観念がある。右利きの手の動きからは右撚りが自然な方向である。左撚りは意識的であり特別な意味を持っていた。注連縄《しめなわ》がその代表例である。

縄文人は山に対し強い関心を寄せていた。特定の山を精霊の宿る山として特別視していたのだ。ムラの設営や記念物の設置に関して特別な山の方位に合わせたり、二至、二分の日の出と日の入りを眺望できるように位置取りをしている。富山県中新川郡上市町極楽寺にある縄文時代早期末から前期にかけての遺跡は、冬至に極楽寺山の山頂から日の出を望むことができる。石川県のチカモリ遺跡の木柱列遺構は、そのハの字形に並んだ木柱列の出口が白山を指している。真脇遺跡（石川県）の木柱列遺構もその出口は遠く海を隔てた立山連峰西端の薬師岳を指している。牛石遺跡（山梨県）の環状列石は中に立つと三つ峠が真面にあり、春分、秋分には三つ峠山頂の稜線が輝き放射状に光が走る情景が現れる。山は単なる風景を構成する点景ではなく霊力を持っていると考えていたのだ。山を仰ぎ見ることで隔たる空間を超えて情意を通じさせていた。青森県の八甲田山から縄文時代晩期の石刀が発見されている。岩手県早池峰《はやちね》山頂からは縄文土器と石器が発見されている。縄文人は山頂に登り、山の霊気と接触することで自らの意思を伝え交感していたのだ。

6　非稲作民と山間地域

縄文時代が終わってから千年余りがたって編纂された日本書紀の神武天皇の条に、「えみし（夷）を、ひたりももなひと（一人百人）、ひと（人）はいへども、たむかひ（手対）もせず」（宇治谷孟『全現代語訳　日本書紀』講談社）という歌がある。夷は一人で一〇〇人の力を持っているというが、手向かいしないというのである。夷とは異民族を意味する言葉で、この場合、もともとそこに住んでいた人々、つまり縄文人の子孫を指している。彼らは渡来人と争うことがなかったのだ。

「日本書紀」と同じ頃に編纂された古事記の出雲の国譲りでアマテラスオオミカミは、孫のニニギノミコトが高天原から地上に降りるに先立ち、タケミカヅチノカミとアメノトリフネノカミを出雲の国へ派遣した。

> 是《ここ》を以ちて此の二《ふた》はしらの神、出雲国《の》の伊那佐《いなさ》の小浜《をばま》に降り到りて、十掬剣《とつかつるぎ》を抜きて、逆《さかさま》に浪の穂に刺し立て、其の剣の前《さき》に趺《あぐ》み坐《ゐ》て、其の大国主神《の》に問ひて言《の》りたまひしく、「天照大御神、高木《の》神の命《みこと》以《も》ちて、問ひに使はせり。汝《いまし》がうしはける葦原中《の》国《つ》は、我が御子の知らす国ぞと言依《ことよ》さし賜ひき。故《かれ》、汝が心は奈何《いか》に」とのりたまひき。爾に答へ白ししく、「僕《あ》は得白《えまを》さじ。我が子、八重《やへ》言代主神《ことしろぬしの》、是れ白すべし。然るに鳥の遊《あそび》・魚取為《すなどりし》て御大《みほ》の前《さき》に往きて、未だ還り来《こ》ず」とまをしき。故爾に天鳥《の》船神を遣はして、八重事代主神《の》を徴《め》し来《き》て、問ひ賜ひし時に、其の父の大神に語りて言ひしく、「恐《かしこ》し。此の国は、天《あま》つ神の御子《みこ》に立奉《たてまつ》らむ」といひて、即ち其の船を蹈み傾《かたぶ》けて、天の逆手《さかて》を青柴垣《あをふしがき》に打ち成して、隠りき。
>
> （西郷信綱『古事記注釈　第三巻』筑摩書房）

やはり、抵抗しないことを示したものである。このヤエコトシロヌシノカミを後世の人は夷神として祀っている。この神は鳥を狩り、魚を釣っていたことから採集狩猟民の統率者と思われる。その統率者が神として祀られているのだ。おそらく早い時期に大和朝廷に服従したからだろう。

　夷は蝦夷とも書き、「えみし」とも呼んだ。また、「毛人」と書いて「えみし」と呼ぶこともある。縄文人は毛深かったのだ。朝鮮半島を経由して渡来した人々は少毛の人が多かったのだろう。多毛な人はたくましく見えた。しかし、この頃は別に蝦夷を蔑んでいたわけではない。飛鳥時代に隆盛を誇った蘇我氏に蘇我蝦夷がいる。六四五年に中大兄皇子と中臣鎌足に攻められて自害している。蘇我氏にはもう一人、曽我豊浦毛人《そがのとゆらのえみし》がいる。当時、「蝦夷」や「毛人」の名乗りは卑称ではなかったのだ。

　日本書記、景行《けいこう》天皇四十年の条に、「其《そ》の東《ひむがし》の夷《ひな》の中《うち》に、蝦夷《えみし》は是尤《これはなは》だ強《こは》し。男女《をのこめのこ》交《まじ》り居《を》りて、父子《かぞこ》別《わきだめ》無し。冬《ふゆ》は穴《あな》に宿《ね》、夏《なつ》は櫟《す》に住《す》む。毛《け》を衣《し》き血《ち》を飲《の》みて、昆弟《このかみおとと》相疑《あひうたが》ふ。山に登《のぼ》ること飛《と》ぶ禽《とり》の如《ごと》く、草《くさ》を行《はし》ること走《に》ぐる獣《けもの》の如《ごと》し。恩《めぐみ》を承《う》けては忘《わす》る。怨《あた》を見《み》ては必《かなら》ず報《むく》ゆ。是《ここ》を以《も》て、箭《や》を頭髻《たきふさ》に藏《かく》し、刀《たち》を衣《ころも》の中《なか》に佩《は》く。或《ある》いは黨類《ともがら》を聚《あつ》めて、邊堺《ほとり》を犯《おか》す。或いは農桑《なりはひのとき》を伺《うかが》ひて人民《おほみたから》を略《かす》む。撃《う》てば草《くさ》に隠《かく》る。追《お》へば山に入《い》る。故《かれ》、往古《いにしへ》より以來《このかた》、未《いま》だ王化《みおもぶけ》に染《したが》はず」（坂本太郎ほか校注『日本古典文学大系67　日本書紀　上』岩波書店）、とある。東国から東北にかけてはいまだに農耕に従わず縄文時代以来の採集狩猟を営んでいた人々が多かったことがわかる。北方の蝦夷は大和朝廷の圧力を受けながらも、採集狩猟を主とした生活を変えないまま、一つの世界をつくっていたのだ。その強いことと農耕に従わないことから大和朝廷成立後、蝦夷はむしろ異端視されるようになった。

　農耕を中心とする大和朝廷との間に次第に距離を持つようになった蝦夷は文化的に近い北方との関係を深めていった。中国の「三国志」魏書にある東夷伝（通常これを「魏志東夷伝」と称する）に、「高《こう》句麗《くり》がそむくと、ふたたび軍の一部を分けて討伐におもむかせた。その軍は極遠の地をきわめ、烏丸《うがん》、骨都《こつと》をこえ、沃沮《よくそ》を通り、粛慎《しゅくしん》の居住地に足をふみ入れて、東方の大海を臨む地にまで到達した。（そこに住む）老人の言葉によれば、不思議な顔つきの人種が（さらに東方の）太陽が昇る所の近くにいる、とのことであった」（羅貫中著、今鷹真ほか訳『世界古典文学全集　第24巻B　三国志Ⅱ』筑摩書房）とある。粛慎とは黒竜江の下流地方にいた諸民族のことである。粛慎の長老が言う海のかなたの顔つきの異なる人々とは北方の蝦夷であったと思われ、粛慎と蝦夷との間に交流があったことがわかる。鉄器も紀元前後頃に中国北部から交易によってもたらされたとみられている。

斉明天皇の治世（六五五〜六六一年）には阿倍比羅夫《あべのひらふ》が水軍を率いて出羽に遠征している。この時阿倍比羅夫は粛慎も攻めている。桓武天皇の治世（七八一〜八〇六年）にも坂上田村麻呂が陸奥に遠征している。しかし、それでも蝦夷の文化は東北に根強く残っていて、武士が台頭してくる平安時代末期には阿倍氏が陸奥で勢力を振るい、ついに前九年の役（一〇五一〜六二年）で源頼義が率いる関東武士団と衝突した。平泉文化を築いた藤原氏は阿倍一族と血縁にあり、やはり、蝦夷の文化の伝統を受け継いでいたが、源頼朝に滅ぼされた。一九五〇年、中尊寺に安置されている藤原氏の遺伝子調査が行われた。その結果、藤原氏は倭人だった。倭人でも蝦夷の文化を受け継いでいたのだ。

このように、中央の勢力が強くなるにつれてその力を次第に地方に及ぼしていって、地域的に勢力の及ぶ範囲を拡大していく。そして勢威の及ばない範囲、あるいは異質の文化を持つ範囲との間に一線を画するようになっていく。大和朝廷の文化に馴化していったものは熟蝦夷《にきえみし》、少々馴化しているものは麁《あら》蝦夷《えみし》、ほとんど馴化していないものを都加留といったそうだが、もともとは一つの集団であったものが、七世紀頃から次第に違いを生じるようになり、やがて武力の衝突が起こり、その対立は十二世紀まで続いた。

藤原氏の滅亡後、蝦夷の文化が歴史の表舞台に現れることはなかったが、山間地域には稲作伝来以前の文化の伝統を持つ非稲作民が居住していた。山民と呼ばれている。そのような伝統がよく伝えられている地域として、奥州山脈沿いの奥深い山々、北上川左岸の連山、只見川の上流から越後の秋山郷にかけての一帯、大井川の源流域、吉野から熊野の山々、中国地方の大山山彙《さんい》の一帯、四国剣山の周囲、九州九重山《くじゅうさん》の南から霧島山の北にかけての一帯がある。彼らは、焼畑農耕を営み、クリ、トチ、ナラ、カシなどの堅果類やクズ、ワラビ、ヤマイモなどの野生の根菜類を採集する、いわゆる縄文文化の伝統を受け継いでいた。このような生活や文化は、柳田国男の『遠野物語』や梅原猛の『日本の原郷　熊野』でうかがい知ることができる。

また近年では、縄文遺跡の調査や古代史・考古学の発展によって、日本列島に住む人びとが、森林、樹木、草地《そうち》の持続可能な高度な利用を行っていたことがわかってきた。

第3章　自然と信仰

1　三輪山と富士山

日本人の精霊信仰的な自然観は民衆の間で信仰や祭祀の形で継承されてきたものが多い。山の神や水の神、田の神、歳神、氏神など、さまざまな神々が信仰されている。農村や漁村では長い歳月を通して、こうした神々と人々との共存共栄の仕組みがつくりだされてきた。農業や漁業は大地や海、天候といった自然が相手で、人の力ではどうにもならないものだから、神仏の加護を仰ぎたくなったのだ。

自然崇拝の中でも山は民間信仰の原点である。日本人は古来、死後はその魂が家の裏山や小高い森や山に昇ることを自然に信じていた。山に昇った荒魂は時の経過とともに浄められた祖霊となり、やがて神になると信じられていた。その神は里に下りてくる時は田の神や歳神として崇められ、いつしか氏神や鎮守の神として祀られるようになった。

もともと、縄文人は山に対し強い関心を寄せていた。特定の山を精霊の宿る山として特別視していた。集落の設営や墓など、記念物の設置に関して特別な山に方位を合わせたり、二至、二分の日の出や日の入りを眺望できるように位置取りをしている。山が持つ生態系、つまり山にある森や川、湖沼、そこに生息する生き物といった自然が集約されたものに霊力を感じ、神を認識してきたのだ。稲作が始まると、山の神は安定と豊穣をもたらす田の神として位置づけられるようになった。

　山を神体として崇拝する象徴が三輪山《みわやま》である。古事記で国づくりの途中にあるオオクニヌシノカミの前に現れた神が「吾《あれ》をば倭の青垣の東の山の上《へ》にいつき奉《まつ》れ」（西郷信綱『古事記注釈　第五巻』筑摩書房）と述べた。大和は奈良盆地に位置し、周りを青垣のような山々に囲まれている。その中で大和の東に位置するなだらかな円錐形の山が三輪山だ。三輪山には神が鎮座しているのだ。古事記の崇神天皇では、国内に疫病が蔓延し、多くの人が亡くなるという大混乱が起こった時、夢の中にオオモノヌシノカミと名のる貴人が現れ、自らを大和の神といい、「是《こ》は我が御心ぞ。故《かれ》、意富多多泥古《おほたたねこ》を以ちて、我が御前《みまへ》を祭らしめたまはば、神の気《け》起らず、国安平《たひ》らぎなむ」（西郷、前掲書）と述べた。天皇は大田田根《おおたたね》子《こ》を探し出し、オオモノヌシノカミを祀る祭主とし、三輪山に祀らせたという伝承がある。三輪山山麓には三世紀末から四世紀初めの古墳時代前期に渋谷向山古墳、箸墓《はしばか》古墳、行燈山《あんどんやま》古墳、メスリ塚、西殿塚古墳など、墳丘長二〇〇～三〇〇メートルある大古墳が出現し、この付近に政権があったことがわかる。日本書紀の崇神天皇紀三年、磯城瑞籬宮《しきのみずがきのみや》（今の奈良県桜井市）に都を移したとあり、崇神天皇は大和に拠点を置き実質的な大王の座にあった最初の人と考えられている。その天皇がまず三輪山に出雲の神であるオオモノヌシノカミを祀り、国の平定を図ったのである。しかし、古事記のオオクニヌシノカミの伝承からわかるように、三輪山はオオモノヌシノカミが祀られる以前から大和の人々に神山として意識されていた。また、大和に住む人々にとって三輪山は東、つまり日の昇る方向に位置する。生命

図4　三輪山（箸墓古墳より）
（Wikimedia Commoms、撮影：前原次郎）

に向かう山であり、その山上から生命が立ちのぼる聖なる山として拝され親しまれてきたのだ。そこには山自体を崇拝するだけでなく、農耕によってもたらされた太陽崇拝も認められる。三輪山の山中、山麓一帯の祭祀遺跡からは三〜八世紀頃の銅鏡や勾玉、石製祭器、土器、須恵器、臼や杵、坏、柄杓などの食器、呪術的な祭具を模したものなど、夥しい出土遺物が見つかった。三輪山の神が弥生時代以降、農業神としての性格を持っていたことを示している。

やがて仏教が入ってくると、日本人の精霊信仰的な自然崇拝は仏教との接触により変容を遂げていく。つまり、霊魂の存在を認める仏教になっていったのだ。それは山という自然を媒介にして生み出されていった。自然を形成する一つ一つが如来・菩薩や明王・羅漢となり、それ自体意味のある尊格としてとらえられた。そして、自然に深く触れ、自然といのちの関係を実感することが、菩薩・明王の直接的な救いに触れるにも等しいという感覚を生んだ。さらに、浄土教が説く西方十万億土のかなたに存在する浄土、すなわち人は死後、西方浄土に往生するという教えは、我々の住んでいるすぐそばにある山の頂上に読み替えられた。日本人は周りの山々や谷々にさまざまな先祖たちの霊が宿っていると感じている。山中浄土、これが日本人がつくり上げた新しい浄土観だった。この感覚が日本人の神仏信仰の一つの重要な性格をなすようになっていった。

三輪山以外に神が宿るとされる山は多くある。神体山あるいは神奈備山《かむなびやま》と呼ばれている。富士山、熊野三山、白山、鳥海山、出羽三山、日光男体山、立山、大山（神奈川県）などたくさんある。それらの山の多くは山頂近くに浄土という名の場所があり、そこが聖地ということになっている。そして麓に下ってくるとだいたい地獄谷というところがあり、そばには賽の河原があってお地蔵さんが立っている。このような配置のありかたから、死んだ者たちを山頂の浄土へと導き、成仏させる。そして、同時に家の神様にもなってもらい守護してもらうのだ。

民間信仰として代表的なのが富士山を崇める富士信仰である。浅間信仰とも呼ばれている。二〇一三年六月に富士山と周辺の信仰遺跡群、神社や登山道、湖などがユネスコ世界文化遺産に登録された。浅間信仰の核となる浅間神社は富士山の神霊とされる浅間大神を祀る神社で、静岡県、山梨県を中心に全国に約一三〇〇の神社が分布する。富士山の八合目以上の大半を境内とする富士山本宮浅間大社（静岡県富士宮市）を総本宮としている。富士山本宮浅間大社の元宮とされる富士山本宮山宮浅間神社（静岡県富士宮市）は社殿を持たない神社である。富士山の噴火の最初の記録は天応元年（七八一）とされ、平安時代に噴火を鎮めるために山麓に浅間大神を祀ったのが始まりといわれている。富士山が立地する周辺には、千居《せんご》遺跡（静岡県富士宮市）や牛石遺跡（山梨県都留市）など、縄文時代中期から後晩期の配石遺構を特徴とする祭祀遺跡が多数発掘されていることから、富士山は古くから遥拝の対象だったことがわかる。貞観六年（八六四）、富士山は大規模な噴火を起こした。北西麓から噴き出した溶岩が大きな湖に流れ込み、その後の樹海をつくり、本栖湖、精進湖、西湖ができたとする噴火である。この噴火は富士山本宮浅間大社の祭祀怠慢とされ、噴火を鎮めるために甲斐国八代郡にも浅間大神の社殿を建てたのが富士河口湖町（山梨県）の浅間神社といわれている。富士山の噴火活動が沈静化すると、富士山の持つ神力、霊力を得ようと修験者などが山に入るようになり、修験道の山とされたが、中世には武将の信仰も厚く、やがて御師《おし》の活動によって近世には庶民の富士登拝も盛んになった。御師は富士山麓の須走、上吉田などに宿坊を構え、各地を回って富士登拝を勧めた。江戸を中心に、白装束で六根清浄を唱えて集団で富士山に登拝する富士講が組織された。とくに十八世紀前半に食行《じきぎょう》身禄《みろく》が富士山で入定したことが契機となり、いっそう盛んになった。江戸っ子は正月三日の早朝には初富士と称して冠雪した富士を仰ぎ見、六月一日の山開きには近くの浅間神社に参詣し、藁細工のヘビを買って台所に吊り、軒に焚いた線香越しに夏富士を遥拝した。高田馬場の水稲荷神社の境内に富士山を模した富士塚が設けられたのが始まりとなり、高さ五メートルほどの富士塚が江戸を中心に各地に築かれた。無理して富士登山をしなくても同じご利益があるというのであちこちに伝播したのだ。富士山登拝は登山道の整備が進んだ明治時代以降いっそう盛んになった。近畿地方でも富士信仰がみられる。

2　農耕と祭祀

日本人はさまざまな神を祭祀し、その祭祀形態も地域や時代、社会構造によって多様である。祭祀される神の神格には、農業神、漁業神、狩猟神など、人々の食料獲得方法に集約された神格や、神話上の人物、実在した歴史上の人物などもある。また、鎮守に代表される地域神としての性格や一族の祖先神もある。特定の場所に滞在する滞在神、一年に一度、異なる世界から来訪する来訪神、男神、女神の別もある。

これに対し、神を祀る祭祀者、媒介者、信者などの祭祀組織がある。祭祀者が一定地域の住民である場合、祀られる神は氏神と呼ばれ、さまざまな祭祀者、祭祀単位によって祀られている。農村部では、家族、一族、地域組、村落、村落連合などの祭祀単位があり、都市部では、家族、一族、町内会、都市社会などである。伊勢講、愛宕講などのように、任意の集合体で祀られる神もある。

家族単位で祀られる神は屋敷神と呼ばれ、家族を守護する神である。先祖が稲荷や八幡などを勧請したものが多いが、神格が定かでない氏神もある。屋敷神が発展し一族共同で祭祀される形態が一族神である。村落単位で祀られる神は氏神と呼ばれ、その祭祀者は氏子と呼ばれる。一村落におよそ一つの氏神を祀る祭祀形態が確立したのは近世であった。村落がつくられて長い年月がたつと氏神はその土地の産土神に深化し、土地の守り神となる場合が多い。氏神を祭祀する氏子は村落の家族が単位であるが、氏子入りの手続きによって家族員は祭祀者となる。氏子入りの象徴的儀礼がお宮参りである。生後三十日前後に行われるお宮参りは、生児が初めて氏神に参拝し、名前を氏神に告げて氏子の承認を受ける儀礼である。結婚、養子縁組などによって転入した者も氏子入りの手続きによって氏子としての承認を受ける。逆に、結婚などによって村落の外に転出する者は、氏神に参拝してその旨を告げるのが通例である。日本人は、神が土地を支配し、そこに住む人々を守護しているという意識が強いのだ。

それは現代の日本人にもみられる。戦後、立ち退き計画が出るたびに祟りを恐れて残している羽田空港の大鳥居は日本人の神への意識を象徴している。羽田空港の大鳥居は、羽田空港の前身である羽田飛行場が開港される二年前の一九二九年に当時の京浜電鉄（今の京急グループ）から穴守稲荷神社に奉納されたものである。一九四五年九月に羽田に進駐してきた米軍が空港を拡張するため、穴守稲荷神社のあった羽田穴守町を含む三町、約一二〇〇世帯を強制接収した。大鳥居も撤去される予定だったが、撤去工事で事故が相次ぎ、工事は中断された。さらに、一九八二年、羽田空港の拡張計画が具体化し、大鳥居の撤去が決定した直後、羽田沖に日本航空機が墜落し、二四人が死亡する事故が起きたため、撤去計画は再び立ち消えになった。それでも、一九九九年、空港の大規模拡張により近くに新滑走路ができるため立ち退きを余儀なくされ、今は空港の島のはずれに立っている。

氏神の祭礼は氏子組織を中心に行われる。祭礼は基本的に、神迎え、神移し、供物供進、神人共食、奉納芸能、神送りによって構成される。祭礼の中心は直会《なおらい》と呼ばれる神人共食だ。神輿に移した神を氏子の地域範囲に巡行する神輿巡行、御神幸も重要である。神迎えでは仮設の神殿に神を迎える神楽が奉納される地域もある。かつて神楽は神職や社家や修験者などが専業的に演じ、祭りの場に神を招き、人々の穢れを祓い浄め生命力の強化や復活、死者や先祖の霊を鎮め、豊穣を祈願するために行われてきた。地域の人々の民俗芸能として伝承されるようになったのは明治時代以降である。

郵便はがき

料金受取人払郵便

晴海局承認

6260

差出有効期間
平成32年 5月
6日まで

104 8782

905

東京都中央区築地7-4-4-201

築地書館 読書カード係 行

お名前	年齢	性別	男・女
ご住所 〒			
電話番号			
ご職業（お勤め先）			

購入申込書

このはがきは、当社書籍の注文書としてもお使いいただけます。

ご注文される書名	冊数

ご指定書店名　ご自宅への直送（発送料230円）をご希望の方は記入しないでください。

tel

読者カード

ご愛読ありがとうございます。本カードを小社の企画の参考にさせていただきたく存じます。ご感想は、匿名にて公表させていただく場合がございます。また、小社より新刊案内などを送らせていただくことがあります。個人情報につきましては、適切に管理し第三者への提供はいたしません。ご協力ありがとうございました。

ご購入された書籍をご記入ください。

本書を何で最初にお知りになりましたか？
□書店　□新聞・雑誌（　　　　）□テレビ・ラジオ（　　　　　）
□インターネットの検索で（　　　　）□人から（口コミ・ネット）
□（　　　　　　）の書評を読んで　□その他（　　　　　　）

ご購入の動機（複数回答可）
□テーマに関心があった　□内容、構成が良さそうだった
□著者　□表紙が気に入った　□その他（　　　　　　　　）

今、いちばん関心のあることを教えてください。

最近、購入された書籍を教えてください。

本書のご感想、読みたいテーマ、今後の出版物へのご希望など

□総合図書目録（無料）の送付を希望する方はチェックして下さい。
＊新刊情報などが届くメールマガジンの申し込みは小社ホームページ（http://www.tsukiji-shokan.co.jp）にて

村には氏神以外にさまざまな小祠《しょうし》がある。多くみられるのは山の神である。山の領域を守護し、山の幸をもたらしてくれる神であり、同時に農耕の神でもあった。平野部の農村でも山の神は祀られている。また、水、風、雷などの自然を祀るところもある。小祠には遠方の有力な神社を勧請して祀ったものも少なくない。火伏の神としての秋葉神社や愛宕神社が勧請され、小さな社に祀られている。稲荷も勧請された神で、農業の神であり、また商売の神となり全国に祀られている。東日本では屋敷神として祀られ、身近な神となっているが、村の氏神となっている例は少ない。西日本には荒神が多く祀られている。荒神は山の神、屋敷神、氏神、村落神など、多彩な性格を持つ。

日本では近代まで農耕生産を中心とした社会組織が営まれており、稲の生育を守護する田の神は農民生活の中に深く根を下ろしていた神である。五穀豊穣、村中安全、無病息災など、信仰の多くは農村に受容されやすい性格を持っていた。田の神は、春になると山の神が山から里に下りて田の神になり、秋になると田の神が山に登って山の神になるとか、田の神が春になると天や家から田に出かけ、田に滞在して稲の生育を見守り、秋になると田から天や家に戻るという伝承が各地にある。これは、田の神去来伝承と呼ばれるもので、日本の水稲栽培が春から秋にかけて行われ、春に播種が、秋には収穫が行われることから、田の神の去来は稲の播種と収穫の時期と呼応しているのだ。田の神はこうして春の播種から秋の収穫にかけて稲の生育を見守るために里や田に滞在するわけで、田の神とこれを祀る農民との間には何らかの心の交流があったとみてよい。

種まきの季節を迎えると、農家では苗代田の水口や中央にカヤやクリ、ヤナギの枝とかツツジ、ヤマブキなどの季節の花を挿し、これに焼米を供えて田の神を祀る水口祭《みなくちまつり》が行われる。苗代をつくると田の神が止まって休めるように苗代の三カ所にカヤ棒を二本、交叉させて立てる地方もある。田の神の宿り木とか田の神の腰掛けなどと呼ばれている。そして、その棒が傾いたり、枯れたりすると縁起が悪いといって、大事に見守っていた。また、苗取りがすむと、その棒を折ってみて、真ん中から半分に折れたら豊作とか、縁談がととのうなど、吉凶占いに用いられた。

稲の刈上げが終わると、農家では蔵や納戸の種籾俵とか庭や土間の臼の上、神棚や床の間に稲把や二股大根、餅、小豆飯などを供えて田の神を祀って稲の豊作に感謝した。石川県能登半島で行われる「あえのこと」は、収穫が終わって田から家へ帰ってくる田の神を家の主人が迎え接待する神迎えの行事である。十二月、田の神が乗り移ったマツの枝を家の奥座敷に迎え入れ、収穫を感謝して歓待する。アエは饗、コトは祭の意で、田の神は春まで家に滞在し、二月には苗代田に送り出す神送りの式が行われる。

田の神をめぐる農耕儀礼は、春と秋の播種と収穫の季節だけに行うものではない。正月には秋の豊かな実りや農作業の安全を願って、田を耕す所作をする初田打ち、田植えの所作をするサツキ、さらに稲などの作物の実りの姿を示す餅花などがつくられる。田植えの開始時にはサオリなどと呼ぶ初田植、田植えが終わると同じく田の神を祀るサナブリがあり、サオリでは田の神が天から田に降り、サナブリでは田の神が天に昇られるといわれている。「サ」は田の神を表すとされ、早乙女、早苗、皐月の「サ」も田の神の「サ」に通じるといわれている。サオリとサナブリに田の神が天と田の間を去来するというのは、この神が春秋に田と山や天、家の間を往来するという田の神去来伝承と矛盾するが、田の神を重ねて祀ることによって稲の豊穣をより確かなものにしたいという農民の切実な願望ととらえることができる。この両日に農家では、田の一部とか家の神棚や床の間に木の葉を敷いて、そこに飯や餅、昆布、酒、魚などを供え、それに三把の苗やカヤとかクリの木の枝を添えて田の神を祀った。また、これらには家ごとの儀礼とは別に村揃っての儀礼も行われる。田植え自体も着飾った早乙女が楽器、太鼓、田植え唄に合わせて稲苗を植えるところもある。田植え後には、稲の害虫を送り出す虫送り、降雨を祈願する雨乞いといった儀礼が行われる。田畑に害虫が発生した時に火を焚いて駆除したのが習わしとなった虫送りは、害虫に見立てた藁人形を先頭に松明行列が村境まで送っていき、最後は塚の上で人形を燃やして虫の神を送り出す。また、山の一番高いところで火を焚き鉦や太鼓を鳴らして大騒ぎをし、日照りの神を送り出す雨乞いの風習は日本全国にみられる。稲が育ち、収穫前には成熟する前の稲穂を田の神に供える穂掛けがある。

実際の農作業の区切りごとに儀礼が行われるのは稲作に顕著で、畑作ではその存在は薄い。稲作は連作が基本で農耕の周期が単純なため諸儀礼が組み立てやすいのに対し、畑作は複数の作物を連作し、周期も複雑なため、全体の儀礼が組み立てにくいといった理由がある。個別には、麦作の儀礼、粟作の儀礼などがある。

3　自然の中の暮らし

(1) 正月

十二月に入ると正月の準備が開始される。新しい年の歳神を迎えるため、家中の大掃除をする。その年の厄を祓い浄めるのだ。地方によっては十二月の十三日に行われる。寺では仏さまのお身ぬぐいが始まる。続いて、十九日から三日間、一年の罪障を懺悔する仏名会が宮中や寺で勤められる。また、正月を迎えるため市が各地に立つ。暮れの市、歳の市などと呼ばれ、注連縄や門松、神棚、縁起物などが売られる。各家では新しい年に向け歳神が訪れるよう屋敷の入り口や家の戸口に門松を立て、その年に刈り入れた新藁で注連縄をつくる。また、歳神を祀る年棚を恵方の方向に設け、御幣を安置し、注連縄を飾り、餅を供える。その他に、庭先に杭を立て、その周りをササダケ、マツ、クリの木で囲み、上部に竹の弓を挿すお立て木や道具のお年取りが行われる。また、先祖の墓には十二月二十五日から三十日の間に小さな輪のあるお飾りをつくり供える。

大晦日は年越し、年取りなどと呼ばれ、年越しそばを食べる。寺院では午前零時に除夜の鐘を撞く。

元日から七日までを大正月と呼び、この間に新年を祝う行事が行われる。一般的には神仏に詣でる初詣や親戚や世話になっている人へ年始回りなどがなされ、村では住人の顔合わせや年間の取り決めが行われる。元旦には家の主人が年男として若水汲みを行う。井戸や川から注連縄飾りのついた桶で水を汲み、若水を歳神に供え、湯を沸かして茶を飲み、顔を洗う。京都八坂神社の白朮祭《をけら》では、前年の暮れ二十八日に火鑽器で鑽り出した火を白朮の根を加えて大篝に移し元旦に使用する。参拝者はその火を火縄に受け取り、家に持ち帰り元旦の雑煮をつくる。浄火でつくった雑煮で祝って新年に疫病の厄を払うのだ。正月には餅を食べるのが一般的だが、サトイモや麺類などを食する餅なし正月がみられる地域もある。七日正月には万病を除くために七草粥を食べる。

元日が過ぎると、その年が支障なく過ごせるように仕事始めが主に正月二日に行われる。農作業の場合は、田畑に松飾りや榊を立て餅や米を供え、鍬で土を耕す所作をする鍬入れを行う。山仕事では山の神に酒や餅を供える。漁村では、船霊に酒、洗米、鏡餅などを供え一年間の豊漁と安全を祈願する。各家では縫初め、書初めなどが行われる。

正月十五日を中心とした数日を小正月と呼び、各地で豊作を願う予祝儀礼が行われる。福島県猪苗代町では米の豊作を願い、一二本の藁を苗に見立てて雪の積もった庭に挿す庭田植が行われる。その他、農作物の吉凶を占う粥占いや豆占いが行われる。養蚕の盛んな地域では蚕の成長を願い、餅や団子を繭の形に模してつくり、木の枝につけて神棚や床の間に飾る。また、この間には、蓑を着て鬼の仮面をつけた者が大きな出刃包丁をかざし大声で子どもや怠け者を戒めるナマハゲなどの来訪神や、一年の繁栄を願って祝い事を述べて舞う万歳などの門付けが訪れる。

小正月には、東日本ではドンドンヤキ、近畿地方では左義長と呼ばれる火祭りがある。各家から集めた正月の松飾り、縁起物、昨年のお札などを燃やす。この火は神聖視され餅を焼いて食べると無病息災で過ごせる。裸参りが行われる地方もある。正月の修正会の最後の日に行われることが多く、岩手県奥州市水沢の黒石寺蘇民祭、愛知県稲沢市の尾張大國霊神社の儺追《なおい》神事、岡山市の西大寺の会陽、福岡市東区の筥崎宮の玉せせりなどがある。早朝、水垢離《みずごり》をとり、白鉢巻きに白腹巻き、白足袋に草鞋のいでたちで参拝し、身体堅固、家内安全、五穀豊穣などを祈願する。

(2) 春を迎える行事

小正月が過ぎると正月の祝い納めが一月二十日に行われる。二十日正月と呼ばれる。東北地方では小正月の飾り物を納める日とされ、正月がすべて終わる節目とされる。この日を境に本格的な仕事の開始となる。近畿地方を中心とした地域では年棚に供えた魚をすべて食すことから骨正月、頭正月と呼ばれる。

旧暦二月には春の訪れを告げる修二会《しゅにえ》が催される。古来は年の初めに人々の幸福と豊作を祈る祈年祭として定着した仏教の法会の一つで、修正会とも呼ばれ全国の寺でさまざまな形式で行われている。東大寺二月堂の修二会は有名で例年三月一日から十四日まで行われる。

立春の前日にあたる節分は各家や神社、寺で豆撒きが行われる。一家の主や厄年の年男が豆を撒き、歳の数だけ豆を食べ無病息災を願う。また、二月八日をコト八日と呼び、厄病除けや古針を豆腐やこんにゃくに刺す針供養の行事がある。岩手県北上市では「疫神除」の紙旗を竹に挟み家の門口に立て、夕方になると竹の先に団子をつける。群馬県沼田市や渋川市では厄神が恐れて近づかないように鎌を屋根の上にあげ、田畑には目籠を掲げる。二月最初の午の日に行う初午の行事、養蚕の繁栄を祈願し門付けをする春駒などが行われる。宮城県登米市では二月の初午に地域の若者が御幣を持ち、藁で仮装し町中の家々に水をかけていく火伏行事が行われる。

立春が過ぎると農作業が開始され、二月から三月にかけて田の神を迎える行事が各地で行われる。三月三日は三月節供と呼ばれ雛人形を飾る。彼岸になると各家では先祖の墓参りをする。ぼたもちなどの供物をつくる地域もある。各地の神社ではその土地の生産暦に合わせて一年の豊穣を祈願する春祭りがあり、神楽や田遊びが奉納される。卯月八日には釈迦の誕生を祝う花祭りが行われ、近畿地方の各家では、ツツジ、フジなどの山の花を束にし、竹竿の先に括り付けた天道花を庭先に掲げ、天道花の下には水と団子を供える。群馬県草津地方では花御堂をつくり中に釈迦像を安置して甘茶を注ぐ。

（3）夏の行事

五月五日の節供は、端午の節句、五月節供とも呼ばれ、現在はこどもの日となっている。平安時代にはショウブを髪飾りにした人々が武徳殿に集い、天皇から薬玉を賜った。こいのぼりや武者絵の幟は江戸時代以来のものとされ、柱は神を招くための招代《おぎしろ》であったと考えられている。武者人形はショウブが尚武に通ずるとして菖蒲兜を飾ったものが武者人形に変化したとされるが、これも神を招く人形だったといわれている。この日はショウブを庭先に挿し、菖蒲打、菖蒲湯などが行われる。ショウブの剣先のように鋭い葉や香りが邪気を祓うとされている。

六月晦日は一年を二分した際に、十二月晦日と並ぶ重要な日であり、夏越の祓えで茅の輪くぐりを行い身に付いた穢れを取り除く。

（4）盆の行事

七月七日は七夕である。奈良時代に中国から伝わったとされ、牽牛星と織姫星に技芸の上達を願う乞巧奠《きっこうでん》に由来する星祭りとして願い事を書いた短冊を笹竹に飾ることが広く行われている。古くは水神を迎える祭儀であったと考えられている。この日をナノカビや七日盆と呼ぶ地域が広くみられる。墓掃除や墓地への道の草刈り、高灯籠を立てるといった盆の準備が進められる。

七月七日のねぶた祭りは「眠り流し」として各地に類似の行事がみられる。暑さが厳しい季節に人々を襲う睡魔を祓う意味があるといわれる。青森のねぶた祭は夏季の睡魔を祓う眠り流しと盆の灯籠送りなどが習合したものといわれている。この日には井戸浚いや牛馬を洗う、水浴びをするなど水に関連する儀礼が多くみられる。盆に祖霊を迎えるにあたり禊が行われていた名残であるといわれている。

盆と正月は、ちょうど半年をおいて向かい合う行事であり、その構成も対応していると指摘されている。正月朔日に対応するのが釜蓋朔日《かまぶたのついたち》である。この日に地獄の釜の蓋が開き先祖の霊があの世を出発するといわれている。七日正月に対応するのが七日盆である。十二日から十三日には盆市が立ち、盆花取りが行われる。小正月に対応する盆の中心行事は盆月十三日の精霊迎えから十五日、あるいは十六日の精霊送りまでである。この期間、僧侶が棚経に訪れたり、新盆の家に挨拶に行く盆礼が行われ、寺の境内や広場などでは盆踊りが催される。二十日正月に対応するのは二十日盆である。蔦ノ正月に対応する三十日は晦日盆で灯籠下ろしが行われる。各家には年棚に対応する盆棚が仏壇とは別に設けられ、門松に対応する盆花が供えられる。先祖の霊を迎え、送る時に迎え火、送り火を焚く行為も、正月の白朮祭の鑽火、左義長と対応している。

(5) 秋から冬にかけての行事

旧暦八月十五日の夜は中秋の名月、芋名月などといい、ススキや団子、サトイモ、柿、クリなどを供えて月見が行われる。十月には西日本では亥の子(十月亥の日)、東日本では十日夜(十月十日)という収穫儀礼がある。大分県杵築市では子どもたちは家々を回り丸い石に縄をつけたものを引っ張って地面をたたく亥の子搗きが行われる。鹿児島市では晩に男の子たちが家々を回り、餅をもらい集める。家々では豊作の礼といって子どもたちに餅を贈る。長野県や山梨県の一部では旧暦十月十日に収穫の終わった田畑から案山子《かかし》を持ち帰る案山子上げが行われる。家に持ち帰った案山子には餅とダイコン、ニンジンなどの野菜を供える。

旧暦十月は神無月である。静岡県の一部では神々が出雲に出かける神立の日には土産の藁苞を竈の上に供え、東京都や埼玉県では荒神様の旅立ちに一升枡に三六個の団子を供える。一方、恵比寿神だけは留守番をしているので、恵比寿神社では五穀豊穣、大漁、商売繁盛を祈願する「えびす講」が催される。

(6) 冬の行事

十二月二十二日前後は一年で最も日が短くなる冬至である。中国では冬至を元日とし、暦の起点とした。この日を境に昼間の時間が延びていくからである。中国や日本で採用されていた太陰太陽暦では冬至は十一月と定められているが、十九年に一度、十一月一日になることがあり、これを朔旦冬至といって盛大な儀式が行われた。中国では古くから行われ、日本では唐風儀式の取り入れに積極的であった桓武天皇の七八四年に初めて儀式が行われた。十一月一日はもともと翌年の暦を天皇に奏進する御暦奏も行われていたことから非常に盛大な行事となった。

冬は植物が枯れ、動物も冬眠してしまうため、食料が手に入りにくくなる。さらに生命の源である太陽の恵みを享受しにくくなることから、人々の冬至に対する不安は大きかった。冬至は生命の終わる時期だと考え、カボチャ、蒟蒻や小豆粥を食べて無病息災を祈願し、不安を取り除こうとした。冬至にカボチャを食べると中風にならず、あるいは長生きするとも、栄養を取るためともいわれている。小豆粥には厄病にかからないという伝承がある。蒟蒻は身体の砂払いと称し、体内の悪いものを掃除すると考えられていた。また、その香りに邪気を祓う霊力があると信じられていた柚子湯に入り体を温めた。

「冬至《とうじ》」を「湯治《とうじ》」とかけて「柚子湯」が生まれたという。流行し始めたのは江戸の銭湯からである。星祭りが行われる神社もある。天台宗や真言宗の寺院では星供養が行われる。各自生まれ年の干支に該当する当年星を祀って無病息災を祈る。

第4章　花卉《かき》と日本人

1　花への関心

日本人がいつ頃から花や木を観賞するようになったのかは定かでない。おそらく、仏教が伝わった六世紀頃からと思われる。古代の人々は植物よりも動物に豊かな感性を持っていたことは当時の土器や青銅器などに描かれている文様から知ることができる。ヘビが描かれた縄文土器が見つかっているし、イノシシの土偶も出土している。弥生時代の銅鐸の文様にはシカやトンボの姿がみられる。しかし、花の絵はまだ見つかっていない。たぶん、周りに咲く花に対して大変無関心な状態だったと想像される。古事記や日本書紀には、稲、麻、クリ、ムギ、マツ、サクラ、ツバキなどの植物が登場するので、日本人が周りの植物や花に対して関心を持ち、美意識がうかがい知れるようになるのは八世紀前後からということになるだろう。しかし、当時、花や木を観賞するのは、宮廷の貴族などごく限られた階級の人々であり、一般の庶民に普及し、花卉文化として定着するのは江戸時代になってからである。

奈良時代後期に編集された万葉集には植物を詠んだ歌が全体の三分の一、約一五〇〇首あり、約一六六種の植物が登場する。詠まれている植物は、多い順から、ハギ、ウメ、マツ、タチバナ、スゲ、ススキ、サクラ、ヤナギ、アズサであり、これらの植物は実用性よりも当時の人々の植物への美的評価が中心となっている。人々は山里へ出かけては花の美しさに触れ、さらに庭園がつくられるようになると庭に移植し、観賞したのである。また、ウメ、タチバナ、モモなど中国から渡来して栽培されたものもあるが、ほとんどの植物は日本原産種である。なかでも最も多く詠まれているのはハギで、一四二首ある。ハギは落葉低木であり、原生林の植物ではなく、原生林が破壊された後にできる松林などで目立つ植物である。ハギの歌が多いということは、当時、人里の周りにある森林はほとんど破壊され、ハギが普通に樹生していたことを示している。細い茎に赤や白の小さな花をたくさんつける可憐な姿は控えめながらたくましさを持ち合わせており、日本人に好まれた花である。また、ハギの開花期は稲の収穫時期と重なり、豊かに咲くハギの花は豊穣の象徴でもあった。

山上憶良は万葉集巻八で秋の七種を詠んでいる。連続した二首で構成され、最初に詠まれているのがハギである。

　秋の野に咲きたる花を指折《およ》りかき数《かぞ》ふれば七種《ななくさ》の花
　萩の花尾花《をばな》葛花《くずはな》なでしこの花をみなへしまた藤袴《ふぢはかま》朝顔《あさがお》の花

万葉集には大伴家持の詠んだ萩の歌が一六首ある。その中の一首、

　高円《たかまと》の野辺《のへ》の秋萩このころの暁露《あかときつゆ》に咲きにけむかも

高円山は奈良の南東にあるハギの名所として知られ、大伴家持は高円のハギを大切にした歌人の一人である。高円のハギを詠んだ家持の歌が八首ある。

「高円の野辺の秋萩、あの秋萩は、このごろの明け方の霧に濡《ぬ》れて、もう咲いたことであろうか」(歌、訳ともに伊藤博訳注『新版万葉集二』KADOKAWA)と詠んだ歌には、ハギの花への家持の愛情が素直に表れている。

万葉集巻十の柿本人麻呂の歌、

夕《ゆふ》されば野辺《のへ》の秋萩《あきはぎ》うら若み露にぞ枯《か》るる秋待ちかてに(伊藤、前掲書)

秋を待たずに露に散ってしまったハギを、おそらく若くして亡くなった恋人に重ねて詠んだ哀愁のある歌である。これらの歌は現代の人が詠んでも十分にその美しさを理解できる。はじめは中国に花の観賞術なるものを習ったとはいえ、万葉集の歌が詠まれた頃には季節の移ろいや、散りゆく花のはかなさに心惹かれる日本人特有の美意識が芽生えており、すでにかなりの水準にあったことがわかる。

2 サクラの品種の変遷

日本の花といえば多くの日本人がサクラを思い浮かべるように、サクラは日本人が最も関心を持つ植物の一つである。サクラはツバキやモモとともに日本書紀、古事記や万葉集の時代から登場し、日本の花の美学の歴史で重要な位置を占める。サクラは古代では単に美しい花というだけではなく、農事暦と関係する神事であった。サクラの「サ」は田の神を表し、「クラ」は座を表す。つまり、田の神が田に依り鎮まる座を表わしたのだ。ちょうど稲の播種の季節に咲くサクラの花は稲穀の神霊の依る花とされたのかもしれない。山に咲くサクラを遠くから眺め、その花の咲き具合によって一年の稲の実りを占ったのだ。

サクラを観賞し、その美しさを歌に表現するようになったのは万葉集においてであり、四四首ほどある。大宰少弐小野老《おののおゆ》の有名な一首（伊藤、前掲書）、

あをによし奈良の都は咲く花のにほふがごとく今盛りなり

この花は普通、サクラと考えられている。地方官として九州に下った中級貴族が奈良を懐しく思って詠んだ歌で、自然そのものを描写しているというよりも、都や宮廷の華やかさ、繁栄ぶりをサクラに例えて表現している。サクラとは都の象徴であり、貴族、とくに宮廷の象徴だったのだ。

山部赤人の歌、

あしひきの山桜花《やまさくらばな》日並《ひなら》べてかく咲きたらばいたく恋ひめやも

山桜の花、この花が、幾日もずっとこのように咲いているのなら、こうもひどく心引かれることなどあろうか。


とサクラの美しさとすぐに散ってしまうはかなさを素直に表現している（歌、訳ともに伊藤、前掲書）。

観賞の対象となった野生種のサクラには、ヤマザクラ、カスミザクラ、エドヒガン、オオシマザクラ、オオヤマザクラの五種があり、その中で近畿地方の人里近くに普通にみられるのはヤマザクラである。万葉集などで詠まれたのはヤマザクラかその変種といわれている。その他、エドヒガン、カスミザクラも京都、奈良周辺の里山によくみられる野生種である。エドヒガンはやや早咲きで、カスミザクラはや

や遅咲きである。エドヒガンからは枝垂桜ができ、その八重咲もある。枝垂桜は室町時代、京都の近衛家の庭にあった糸桜が有名だった。オオヤマザクラは人里からやや遠い山地に多い。百人一首でよく知られている伊勢大輔《いせのたいふ》の歌（伊藤、前掲書）。

いにしへの奈良の都の八重桜けふ九重ににほひぬるかな

はオオヤマザクラの八重咲き変種といわれている。

オオシマザクラはその分布域がきわめて限られており、房総半島、伊豆半島の南部、伊豆七島だけにみられる種である。十二世紀に鎌倉に武家政権ができ、政治の中心が京都から鎌倉に移ると、庭園用に周辺の山林からサクラの木が移植され、結果、自生分布が限られていたオオシマザクラも栽培されるようになったと考えられている。五種の野生原種の他にサトザクラと称される栽培品種がある。オオシマザクラを主としてヤマザクラ、オオヤマザクラなどの間で繰り返し交雑され、改良選出された品種の一群の総称である。一重、八重、菊咲きなど、変化にとんだ品種が多数ある。紅花の関山《かんざん》、紅提灯、淡紅の普賢象、白花の一葉などは大輪の八重咲きで、鬱金、御衣黄は淡黄緑色の八重咲きである。単弁では染井吉野、枝垂桜にはエドヒガン系の八重紅枝垂、ヤマザクラ系の菊枝垂など特色ある品種が多い。開花時期も冬に咲く冬桜や不断桜などいろいろある。

サトザクラの多くはオオシマザクラを主としていることから、サトザクラは鎌倉を中心に主に室町時代につくりだされたとみられている。鎌倉は十四世紀に室町幕府の成立により再び政治の中心が京都に移った後も、関東管領の所在地となり東国支配の拠点として存続した。西の公家を中心とした文化に対し、東には鎌倉の武士の文化が栄えたのだ。室町時代、京都の千本閻魔堂に鎌倉の普賢堂から移植された普賢象というオオシマザクラ系のサトザクラがあったことが伝えられている。また、鎌倉材木座の桐ヶ谷が原産の桐谷桜、別名御車返しはオオシマザクラと太白の雑種で、室町時代に足利尊氏によって京都御所内裏紫宸殿南面の左近の桜として植えられたと伝えられている。鎌倉でつくられたサトザクラがこの時代、権力移行の象徴としてすぐさま京都に伝えられたことを示している。

三代将軍足利義満は京都室町の足利家の邸宅である花の御所に多くのサクラを植え、また北山文化を代表する金閣寺にもいろいろなサクラを植えて楽しんだといわれている。当時、サクラは権力の象徴として大事にされたのだ。しかし、現在の金閣寺にはサクラがほとんどない。それは、サクラは短命のものが多く、とくにサトザクラは樹勢が弱く短命なので、数百年たった庭園ではほぼ全部枯死してしまったからだ。日本各地の古くから有名な日本庭園では、最近植えた染井吉野を除いてサトザクラはほとんど消失してしまっている。

サクラの花を花見の宴として観賞することは七～八世紀から行われていた。万葉集とほぼ同年代の漢詩を集めた『懐風藻』に左大臣正二位・長屋王の五言、「初春於作寶樓置酒」がある。

景麗金谷室。年開積草春。松烟双吐翠。櫻柳分含新。嶺高闇雲路。魚驚亂藻濱。
激泉移舞袖。流聲韵松筠。

（『覆刻　日本古典全集　懐風藻　凌雲集　文華秀麗集　經國集　本朝麗藻』現代思潮新社）

「この佐保楼の景物の美しさといったら晋の石崇の別荘であった金谷のそれにも匹敵するほどです。積草の池にも比すべきこの佐保楼の林泉に初春の年があけました。松も烟霞《えんか》も相並んで緑色を放《はな》ち、桜も柳もめいめい新しさを発揮しております。嶺を仰ぐと、暗い雲路の方《かた》にたかだかと聳えています。池に目を遣《や》ると、藻の乱れてはえた水際では、魚がぴいんぴいんと跳《は》ねあがっています。舞女《まいおんな》たちが袖をひらひらと翻《ひるがえ》しながらほとばしる泉の方《かた》に移って行ったので、そちらのほうに注意してみると、ああなんという奥深さであることか、泉の流声は松林や竹群《たかむら》に響いて聞こえるではありませんか」（斎藤正二『日本的自然観の研究　下巻』八坂書房）。ここでサクラは、新年会の主催者である長屋王の私邸、佐保楼の美しさや権威の象徴として詠まれている。サクラを見ながら酒盃をかわすというのは唐の風習に倣ったものである。当時の宮廷人は唐の文化や習俗を真似て学習していたのだ。その意味でサクラは中国文化の花といえるかもしれない。

外で花見の宴を催すようになるのは室町時代である。足利義満が京都西郊の大原野で花見の宴を催した史実が残っている。豊臣秀吉の贅を尽くした醍醐の花見は有名である。だが、花見が一般大衆の風習として定着したのは、世情が安定し、文化、経済が発展した江戸時代である。きっかけとなったのは、江戸時代中期以降、幕府が江戸の町の拡張と河川の築堤などに合わせてサクラを植栽し、サクラの遊宴を奨励しことである。これらの場所に植えられたのは栽培品種ではなく、主にヤマザクラなどの野生種であったが、八代将軍徳川吉宗は吹上御苑のサトザクラも移植させていたといわれている。サクラの名所としては、隅田川河畔の向島、王子の飛鳥山、玉川上水の小金井、浅草奥山などがあった。このようなサクラの名所は江戸以外にも全国で増えていった。花見以外にも、元禄十六年（一七〇三）刊の俗謡集「松の葉」に「桜づくし」という長唄が載せられ、歌舞伎では「京鹿子娘道成寺」「助六由縁江戸桜」などが上演されている。江戸時代中期になってサクラは民衆の花としての地位を獲得したのだ。

国学者本居宣長の歌、

敷島の大和心を人問はば朝日に匂ふ山桜花

サクラを見て、美しいと理屈なしで感嘆すること、これこそが大和心だ、というのである。本居宣長は町民の出身で、ものにとらわれない合理的な考えを持っていた。この歌には近世庶民の自由な感性が息づいている。

江戸時代、武家庭園はサクラの栽培品種の主要な栽培場所であった。江戸には大名の持つ一〇〇〇近い武家庭園があったとされ、各大名が競って他にはない品種を求めたためである。日本最古の花卉園芸書「花壇綱目」（一六八一年）水野元勝や「花譜」（一六九八年）貝原益軒など、大名などの命による彩色画集がいくつもつくられた。「浴恩春秋両園櫻花譜」（一八二二年）松平定信には一二四点の図が描かれている。花の形や色など、彩色画の描写は精巧で、それぞれに固有の品種の名が記載されている。こうした固有の品種名を持つものは幕末には二〇〇以上となった。大名の求めに応じて実生苗から新品種を選抜して集めたのが園芸業者である。この時代、園芸業者が急成長した。染井吉野をつくりだした駒込の染井村は有名である。染井花戸三之丞による園芸書「花壇地錦抄」（一六九八年）、その子・伊藤伊兵衛政武の「増補地錦抄」（一七一〇年）、「広益地錦抄」（一七一九年）も出版された。元禄時代に出版されたこれらの書物は栽培されている花卉の種類、品種の解説とその栽培法を簡単に記している。これは、当時増えてきた自らの手で植物を選び、栽培するという中流階級の愛好家を対象にしたものであった。江戸時代の花卉文化ははじめ江戸の大名に普及したが、元禄時代には庶民にまで浸透してきたことを物語っている。さらに、大名が参勤交代で地方に帰り、江戸の花卉文化を広げたことで、日本各地の地方都市で特色のある園芸文化が生まれていった。

図５　花壇地錦抄前集［２］
（国立国会図書館デジタルコレクション）

明治維新により武家はその地位を失い、屋敷地のほとんどは明治政府に接収されて他に転用されたため、武家庭園もほとんどが失われてしまった。高木のサクラは一般市民が簡単に維持できるものではないので多くの品種が失われたとみられている。こうしたなかで、駒込の植木職人、高木孫右衛門はサトザクラの収集に努め、生き残ったサトザクラ八四種を自宅の畑に移植し栽培に成功した。さらに、明治十八年（一八八五）、荒川沿いに住む清水謙吾は荒川の堤防が改修される際、堤防保護のためサクラを植えることを提案し、旧知の高木孫右衛門と交渉し、その畑にあった七八品種三二二五本を堤防の両岸五・九キロメートルに植栽した。荒川堤のサクラは五色桜と呼ばれ、多種類のサトザクラが楽しめる稀有の場所となった。しかし、度重なる水害や戦中戦後の混乱で荒川堤のサクラは消滅してしまう。だが、埼玉県新郷村の船津清作や同安行村の小清水亀之助が荒川堤のサクラを収集・保存し、現在これらのサクラは川口市安行の苗木生産業の中で栽培、維持されている。京都では、江戸時代から代々庭園業を営む佐野藤右衛門が幕末から全国のサクラの収集を行い、それが戦後も伝えられている。

不思議なのは、鎌倉時代にはじまり江戸時代末期までいくつもの新品種がつくりだされたにもかかわらず、その育種方法が実生からの選抜で、人工交配は行われていなかったと思われる点である。花のめしべとおしべによる植物の生殖の仕組みに気が付かなかったのだ。『広益地錦抄』の序に「今や孫苗《マゴナヘ》 芽《メタチ》て花葉おかしく芿裔《ヒコバヘハスヘ》の異形《イキヤウ》なるもの或《アルイ》は所《シヨ》々より珍花《チンクワ》といひておこせるもの積殖《セキジユ》して繁茂《ハンモ》なれり」（『広益地錦抄　生活の古典双書』八坂書房）という記述があるので、園芸職人の経験と直感を頼りに、変わったもの、優れたものを実生苗から選び出すという方法がとられていたことがわかる。花は花粉を受けて受精し果実、種子をつけることは古代メソポタミアの時代にすでに知られており、ヨーロッパではかなり古くから人工交配が行われ、十八世紀には実用化されていた。植物学史的にも十八世紀にスウェーデンのカール・フォン・リンネが人工交配によって種間雑種をつくっている。日本で人工交配による育種が始まるのは十九世紀末、稲においてであり、サクラの人工交配は戦後になってからである。

3　自然界と花

花は「生け」られる以前に「立て」られるものだった。ものを立てる行為は、諏訪神社の御柱祭にみられるように、その起源は古く縄文時代にまで遡り、立てられたものには神や霊が宿るとされた。また、古代農耕民にとって柱や棒、竿を立てる行為は、太陽の恵みを希求する民間儀礼だった。それが宮廷行事の中に組み入れられ、花を「挿す」行為となっていった。平安時代中期以前、「挿し花」は農業神降臨の徴表と人間の旺盛な生命力、すなわち不老長寿の祈願の二つの意味を持っていた。

後撰和歌集の紀貫之の歌、

ひさしかれあだに散《ち》るなと桜《さくら》花瓶《かめ》に挿《さ》せれどうつろひにけり

これに対する中務王女の返歌、

千世《(ちよ)》ふべき瓶《かめ》に挿《さ》せれど桜花とまらむ事は常にやはあらぬ

この二首のサクラの花を挿す行為は、「久しかれ」と「千世ふべき」を意味している（片桐洋一校注『新日本古典文学大系　後撰和歌集』岩波書店）。

また、万葉集にみられる「頭挿」も生花を頭髪に挿すことによって、農業神から豊穣の収穫を授かり、また人の生命力を高めて長寿が与えられるように祈願するまじないだった。

万葉集二巻、柿本人麻呂の「明日香皇女の城上の殯宮の時」の長歌、

飛ぶ鳥　明日香の川の　上《かみ》つ瀬に　石橋《いしはし》渡す　下《しも》つ瀬に　打橋《うちはし》渡す　石橋に　生《お》ひ靡《なび》ける
玉藻もぞ　絶ゆれば生ふる　打橋に　生ひをれる　川藻もぞ　枯るれば生《は》ゆる　なにしかも
我《わ》が大君の　立たせば　玉藻のもころ　臥《こ》やせば　川藻のごとく　靡かひし

宜《よろ》しき君が　朝宮《あさみや》を　忘れたまふや　夕宮《ゆふみや》を　背《そむ》きたまふや　うつそみと　思ひし時に　春へは
花折りかざし　秋立てば　黄葉《もみちば》かざし　敷栲《しきたへ》の　袖たづさはり　鏡なす　見れども飽かず
望月《もちづき》の　いや愛《め》づらしみ　思ほしし　君と時時《ときとき》　出でまして　遊びたまひし　御食向《みけむか》ふ
城上《きのへ》の宮を　常宮《とこみや》と　定めたまひて　あぢさはふ　目言《めこと》も絶えぬ　しかれかも　あやに悲しみ
ぬえ鳥《どり》の　片恋《かたこひ》づま　朝鳥《あさとり》の　通《かよ》はす君が　夏草の　思ひ萎《しな》えて　夕星《ゆふつづ》の　か行きかく行き
大船《おほぶね》の　たゆたふ見れば　慰《なぐさ》もる　心もあらず　そこ故《ゆゑ》に　為《せ》むすべ知れや　音《おと》のみも
名のみも絶えず　天地《あめつち》の　いや遠長《とほなが》く　偲ひ行かむ　御名《みな》に懸《か》かせる　明日香川　万代《よろづよ》までに
はしきやし　我《わ》が大君の　形見《かたみ》にここを

少々長いが、意味は、「飛ぶ鳥明日香の川の、川上の浅瀬に飛石を並べる、川下の浅瀬に板橋を掛ける。その飛石に生《お》い靡いている玉藻はちぎれるとすぐにまた生える。その板橋の下に生い茂っている川藻は枯れるとすぐまた生える。それなのにどうして、わが皇女《ひめみこ》は、起きていられる時にはこの玉藻のように、寝《やす》んでいられる時にはこの川藻のように、いつも親しく睦《むつ》みあわれた何不足ない夫《せ》の君の朝宮をお忘れになったのか、夕宮をお見捨てになったのか。いつまでもこの世のお方だとお見うけした時に、春には花を手折って髪に挿し、秋ともなると黄葉《もみじ》を髪に挿してはそっと手を取り合い、いくら見ても見飽きずにいよいよいとしくお思いになったその夫の君と、四季折々にお出ましになって遊ばれた城上《きのへ》の宮なのに、その宮を、今は永久の御殿とお定めになって、じかに逢うことも言葉を交わすこともなされなくなってしまった。そのためであろうか、むしょうに悲しんで片恋をなさる夫の君、朝鳥のように城上の殯宮に通われる夫の君が、夏草の萎《な》えるようにしょんぼりして、夕星のように行きつ戻りつ心落ち着かずにおられるのを見ると、私どももますます心晴れやらず、それゆえどうしてよいかなすすべを知らない。せめて、お噂《うわさ》だけ御名《みな》だけでも絶やすことなく、天地《あめつち》とともに遠く久しくお偲《しの》びしていこう。その御名にゆかりの明日香川をいついつまでも……、ああ、われらが皇女の形見としてこの明日香川を」（歌、訳ともに伊藤博訳注『新版万葉集一』KADOKAWA）である。「春には花を手折って髪に挿し、秋ともなると黄葉を髪に挿して」は、長寿の呪いをかけ「いつまでもこの世のお方だとお見うけした」にもかかわらず亡くなってしまったことに人麻呂の絶望感が表れている。

古事記で死期が近づいた倭建命が遠征先で大和の国を偲んで詠んだ二首の歌、

倭《やまと》は　国の真秀《まほ》ろば　たたなづく　青垣《あおかき》　山籠《やまご》もれる　倭し麗《うるは》し
命《いのち》の　全《また》けむ人は　畳薦《たたみこも》　平群《へぐり》の山の　熊白檮《くまかし》が葉を　髻華《うず》に挿《さ》せ　その子
（山口佳紀、神野志隆光校注『古事記』小学館）

大和の国は美しく素晴らしいと詠んだうえで、命の無事な人は平群の山のカシの葉を髪に挿して生命力を高め、力強く生きなさいみなの者、と自分の死後残った者に大和の国の将来を託している。

生け花は寛正三年（一四六二）京都頂法寺六角堂の住職、池坊専慶が花を立てて有名になったのが始まりとされている。しかし、極楽浄土の世界には美しい花があることが意識され、阿弥陀仏をはじめ仏堂の諸仏に花が供えられるようになったのは鎌倉時代初期である。ちょうど道元の正法眼蔵にあるよう

図６　立花図并砂物
(Wikimedia Commons)

に、自然の中で自分を意識することで自然を超越しさとりに至ろうとしていた頃だ。自然のいのちを意識することが禅思想として明確にされた時代である。

鎌倉時代末期から室町時代になると、自然界からとった花を供えて仏前をきれいに厳かにするという供花の発想は次第に精神的な深まりをみせていく。自然を模した庭園をつくり、そこに花を植えて自然を身近に取り込むことによって、心を鎮め磨くという禅思想が生まれてきた。ちょうどその頃、水墨画や山水画が南宋から伝わり、禅僧たちの文学熱が高まり活気を帯びていた。禅寺では禅僧たちによって公家も含めた詩会が催され、その活動の場として禅寺の書院がよく使われるようになり、書院の庭が発達していった。禅寺の書院の前の小さな空間に自然の山水を模した庭がつくられた。禅宗の僧侶がつくる庭園は京都や鎌倉をはじめ各地に広がっていった。庭に取り込まれた自然はやがて書院の中に持ち込まれた。それが生け花である。心を鎮めて花を生けることによって自然界を表現する時、心が理想の状態になりさとりの境地に至ることを理想とする仏教の思想がそこにはある。

池坊専慶が初めて花を立てた室町時代中期は、農業生産の発達を背景に農民が自らの人間らしさに目覚め、庶民の力があふれ出た時代である。農民が惣を組織して支配者の重税や非合法的行為に対して抵抗した、いわゆる一揆が起こった時代である。同時に、手工業や商業が発達し、堺や博多などの都市が発展した。力のある者が領主を倒し支配者となる下剋上が起こった時代でもあり、現代日本の文化と価値観のもとがつくられた時代である。新しい発想が生まれる背景があり、またそれを求め理解する社会的素地があったのだ。生け花以外に、茶、能、狂言などがこの時代に始まった。

第5章　近世の都市と自然

1　自然と人工

　自然の対義語は人工である。日本人は人工物と非人工物との区別があいまいである。したがって、自然と人工とを明確に区別していない。町中の公園に池があり、その周りに雑木林があるとそれは自然だと思う。自然を模してつくった庭園を自然だと思うのだ。日本人は精霊信仰の世界を持っている。山川草木のいのちが感じられるところを自然と思うのかもしれない。これは西洋人の考える自然と大きく異なる点である。西洋人は自然と人工物は神の創ったものと人間のつくったものとして明確に区別している。日本では少なくとも近代まで、人の内面に存在する精霊信仰的な自然と自然界という意味での外的な自然が区別されずにいたのだ。日本人は内と外の区別以前の自然、つまり大地のぬくもりである母性的な自然の懐に安んじていたのだ。

　自然観の発達は都市の発達と関係がある。都市は人間のつくった人工物の世界である。それまで、人々は野山の自然を切り開き、畑をつくって農業を営んでいた、それは、自然と対峙しながらも母なる大地のぬくもりの中で暮らしてきたということである。農業生産が伸び手工業が発達し、物資の流通が盛んになると、座や市場が生まれそこに人が集まり都市が形成された。都市は人工の空間であり外界の自然と決別した世界である。これまで大地のぬくもりの中で暮らしてきた人々は、そのぬくもりから独立し、自立の道を歩み始める。ちょうど、子どもが成長して親から独立し、自立した真の大人に成長するようなものである。都市にはさまざまな人が集まってくる。都市に対するものはそれまで人々が暮らしていた村だが、村は血縁とか生産形態によって人々の意思にかかわらず成立した集団である。農作業は灌漑などで共同作業を強いられるため必然的に集団的な共同意識が養われる。都市ではお互いどこの誰ともわからない、どんな危険な相手とも判断できない者同士が不安を抱きながら隣り合わせで生活をしなければならないのだ。そのような不安を解消するためには、村のような何らかの共同的な意識を人為的につくりださなければならない。西洋でそのような役割を果たしたのがキリスト教である。人々は絶対的で唯一の神のもとで同胞意識を持ったのだ。神の力が弱まると科学がそれを補った。結果として、彼らが語り伝えてきた神話上の神々や森の精霊、悪魔たちは、キリスト教の絶対的な神と科学の力によって一掃されてしまった。ここにきて自然と人工とは完全に対峙する関係になったのだ。そして、中世に成立したこれらの都市で民衆は長い時間をかけて自治を獲得し、やがて自由を勝ち取った。

日本の場合、室町時代中期から末期にかけて、農業生産の発達を背景に農民が自らの人間らしさに目覚め、それが惣を組織し一揆を起こすなど、支配階層に対抗する力となって現れ始めた頃、手工業や商業の発達によってできた堺や博多などの都市は西洋と同じような自治への道を歩み始めた。しかし、そうした民衆の自立への動きは台頭してきた戦国大名たちによって封じ込められてしまった。その頃、江戸をはじめ、中央にも地方にも城下町という形で都市が誕生するが、それらはみな武士権力によってつくられたものであり、住民の自治に関してははじめから望みがなかった。真の人間的自立の獲得という歩みを途中で止められてしまった庶民は未成熟のまま明治維新を迎えることになる。このような半人前の人間が都市で共同性を発揮するためには無力感や悲壮感といった屈折した感情を逆手にとって連帯の絆にするしかなかった。「もののあはれ」と呼ばれる共同感情が十七世紀後半頃に江戸や大坂を中心に形成された。この庶民の共同感情を敏感に読み取り戯曲を書いたのが近松門左衛門である。以下に示した人形浄瑠璃「曽根崎心中」（一七〇三年）の道行の場面は有名である。

この世のなごり夜もなごり
死にに行く身をたとふれば
あだしが原の道の霜
一足づゝに消えて行く
夢の夢こそあはれなれ

どこかなげやりで明るく、きっぷのいい町人気質は自立、そして自由への道を閉ざされてしまった絶望感、悲壮感の裏返しである。日本人の共通了解の深層にはこのような自虐的な感情がある。近世以降の「もののあはれ」の感情は平安時代の王朝文学に表れる「もののあはれ」とは大きく違っているが、それを古来の日本精神とみなし、「もののあはれ論」を唱えたのが国学者の本居宣長である。天然の無常観から生まれた「もののあはれ」の感情を、現世との関連において「もののあはれをしる」ことと説いた本居だが、何はともあれ、自分ではどうしようもない無力感から生まれた庶民の共同感情と日本古来の「無常観」が都市で結びついたのである。

さらに、日本において西洋におけるキリスト教のマリア崇拝に相当する人々の母性を引き受けたのが大地のぬくもりとしての自然界である。自然界は都市での生活に疲れた人々が精神を賦活させるために出かけていく異界となった。人々は花見だ、富士講だ、大山詣《まい》りだと言って出かけて行ったのだ。出かけるだけではない。山水を身近に取り込んだ庭園や盆栽、生け花もその延長である。かくして、日本人は大地のぬくもりとしての母性的で精霊信仰的自然観を近代まで持ち続けてきたのである。西洋のような絶対的な真理である神が存在せず、武士の政治権力を凌駕するほど強力な宗教権力や思想が見当たらず、島国であるため外部世界の影響力が微弱であったといういくつかの事情が重なって生じた歴史的事態であった。

随筆家の寺田寅彦は『日本人の自然観』（一九三五年）で日本人の精霊信仰的自然観を日本の自然、風土が生んだ特徴として評価し、以下のように述べている。

> 単調で荒涼な沙漠の国には一神教が生れると云った人があった。日本のような多彩にして変幻極りなき自然をもつ国で八百万《やおよろず》の神々が生れ崇拝され続けて来たのは当然のことであろう。山も川も樹も一つ一つが神であり人でもあるのである。それを崇《あが》めそれに従うことによってのみ生活生命が保証されるからである。また一方地形の影響で住民の安住性土着性が決定された結果は、到るとこ

ろの集落に鎮守の社を建てさせた。これも日本の特色である。

そして、日本の生活文化の特徴について、以下のように述べている。

住居に附属した庭園がまた日本に特有なものであって、日本人の自然観の特徴を説明するに恰好な事例としてしばしば引合いに出るものである。西洋人は自然を勝手に手製の鋳型にはめて幾何学的な庭を造って喜んでいるのが多いのに、日本人はなるべく山水の自然を害《そこな》うことなしに住居の傍《そば》に誘致し、自分はその自然の中に抱かれ、その自然と同化した気持になることを楽しみとするのである。(中略)

盆栽活花のごときもまた、日本人にとっては庭園の延長であり、またある意味で圧縮でもある。箱庭は言葉通りに庭園のミニアチュアである。床の間に山水花鳥の掛物をかけるのもまたそのヴァリアチオンと考えられなくもない。西洋でも花瓶に花卉《かき》を盛りバルコンにゼラニウムを並べ食堂に常緑樹を置くが、しかし、それは主として色のマッスとしてであり、あるいは天然の香水罎として であるように見える。「枝ぶり」などという言葉もおそらく西洋の国語には訳せない言葉であろう。どんな裏店《うらだな》でも朝貌《あさがお》の鉢ぐらいは見られる。これが見られる間は、日本人は西洋人にはなり切れないし、西洋の思想やイズムはそのままの形では日本の土に根を下ろし切れないであろうとは常々私の思うことである。

日本人の遊楽の中でもいわゆる花見遊山はある意味では庭園の拡張である。自然を庭に取り入れる彼等はまた庭を山野に取り拡げるのである。月見をする。星祭りをする。これも、少し無理な云い方をすれば庭園の自然を宇宙空際にまで拡張せんとするのであると云われないこともないであろう。

ここで寺田が述べた生活文化の特徴は、多くの日本人が自国の文化に対して抱いている感覚と大きな差異はないであろう。

一方、寺田が「日本人の自然観」を書いたのと同じ頃、ジャーナリストの長谷川如是閑は『日本的性格』（一九三八年）の中の「日本文化と自然」で次のように述べている。

外国の文化や趣味を憚るところなく取り容れた、上代の日本人も、自分自身の生活の様式においては、頑として自分自身のものを保ち、また作らねば承知しなかった。しかし、それは徹底的に自然と現実との尊重という原則の上に立ったものであった。建築に主として、素木のままの木材を用いるのも、また庭園や周囲の自然を建築の構図の部分としたような、開放式の家屋も、自然のうちにおって自然の現実を損うまいとする態度にほかならないのであった。

こういう日本人が、しかし自然を現実に理解するという点では、甚だ不充分であるのは不思議である。

長谷川は日本人の自然を尊重する態度は評価しながらも、日本人は自然を十分に理解していないとして、以下のように述べている。

もっとも日本人の造園術は、今日では世界的に有名になっていて、わざわざ専門家が見に来るほどで、その自然模倣はなかなか巧妙だが、やはり概念的解釈に流れている。むろん西洋のランドスケープ・ガーデニングに比べたら、自然の把握が、纖細で、深遠で、文化感覚の高級性を現わしているであろうが、自然を一つの形式に化して、それを局部的に見るという趣味で、全部的に自然を鑑賞するという大ざっぱのところがない。つまりディテールの鑑賞に流れている、盆栽趣味、盆景趣味である。狭い庭園に幾十の名所を作って、瀬田の橋だとか、唐崎の松だとか言っているのも、自然の景観に対する鑑賞の態度に欠けている証拠である。

長谷川如是閑によると、日本人の自然に対する理解、感覚、描写、観賞は不十分、貧弱の一語に尽きるという。長谷川は西洋的自然観の視点で日本人の自然観を評価している。もともと「Nature」という言葉を持たなかった日本人は森や山、川全体を一つの概念として人と対峙してとらえる視点はなかった。寺田寅彦の見解とどちらが正しいかということではなく、西洋的視点に立ったジャーナリストの冷静な目で分析した一つの見方である。優れた文化を持ちながら日本に科学の芽が生まれなかったことと合わせて、日本人の自然観には西洋とは異なった特徴のあることを認識しておく必要があるだろう。このような見解をとりながらも、長谷川は日本人の文化表現の特徴について、中正、簡素、謙抑の三つをあげ、生活の場面にこそ本能的な美を希求し、全体よりも細かいところに熟練から出てくる纖細さを味わおうとする習性、意見の対立や矛盾を解消するのではなくむしろ併存させようとする感性、外来の文化を異化するよりも親和することを好む気質、また、自然の全体よりもその部分において変化を読み取る季節感といった多角的な性格を指摘している。

2　環境と再利用

(1) 都市の実情

江戸の町は百万人の人口を抱えながら、自然と共生したリサイクル都市として機能していたことが知られている。しかも、現代のようにリサイクルが公共の資金や補助金でまかなわれていたのではなく、市場経済として成り立っていた。あらゆるものが再利用、再資源化され、最後は自然に還元されていた。その仕組みを理解するために、まず、江戸の庶民の生活についてみてみることにする。

徳川家康が豊臣秀吉から関東転封を命じられ、家臣を引き連れて江戸城に入ったのが天正十八年（一五九〇）八月一日である。江戸に入った家康は、道三堀と小名木川を開削し、行徳（千葉県市川市）から塩を城下町へ直接運べるようにした。利根川の流れを変えて洪水の危険を減らし、江戸城の南に広がる低湿地に掘割を開いて交通の便を図り、沼地を干拓して六〇間（約一〇九メートル）四方の区画を整備した。さらに、神田山を切り崩し、その土で江戸城のそばまで迫っていた日比谷入り江を埋め立てた。今の日本橋浜町、京橋、新橋一帯である。削平された神田山一帯は駿河台と呼ばれるようになった。原則として、埋め立て、干拓地は町人に、山の手は武士に配分された。江戸時代初期の人口は約一五万人とみられ、京の人口三〇万〜四〇万人、大坂の人口二〇万人に比べて少なかった。その後、江戸の町は拡大し、江戸時代末期、慶応元年（一八六五）には約八〇平方キロメートルに広がった。今の山手線の内側（約七〇平方キロメートル）よりも少し海寄りの広い範囲である。そのうち町方の居住は約一八パーセントであり、大部分は武家地と寺社地が占めていた。人口は享保年間（十八世紀前半）には、町方人口が五〇万人を超えており、武家人口を含めると一〇〇万人を超えていたと推定されている。享保十八年（一七三三）の統計では、町方の男性三四万人、女性一九万六〇〇〇人と圧倒的に男性が多く、江戸の町は男性都市だった。さらに、冬の農閑期には信濃や越後、越前から多数の農民が出稼ぎに来たうえ、中期以降には凶作や災害などで破産した農民などが大量に江戸に流入して無宿者となっていたため、実際の人口はもっと多かったと推定されている。

江戸っ子は短命だった。宗門改帳からもとめた信濃国湯舟沢村の十五歳時平均余命が十八世紀後半で男四二・七年、女三七・七年だったのに対し、遺跡から出土した人骨をもとに推定した江戸の十五歳時平均余命は二三・一年しかなかった。出生時平均余命でみると、湯舟沢村の男三〇・一年、女三〇・六年に対し、江戸は二〇・七年だ。大人も子どもも江戸は農村部に比べて死亡率が高かった。これは生活環境が悪かったことに他ならない。町が非衛生的だったということではなく人が多かったのだ。江戸の人口の約半分、五〇万人の町方が江戸市中の二割以下の土地に住んでいたので、その住環境は悪くならざるを得ない。町方の約七割が長屋住まいだった。流感でも流行れば一気に蔓延してしまう。

城下町に住んでいる町方は主に商人と職人で、両方を合わせて一般的には町人と呼ばれる。しかし、幕府の公民としての町人は公役銀と呼ばれる税金や町入用と呼ばれる町の維持費を納める義務を負っている者を指した。町人とは長屋の地主や家主のことで、長屋に住んでいる店子はそれらの義務を負っておらず正式には町人と認められていなかった。庶民とは町人のことではなかったのだ。長屋は、通りに面している表店と、通りの裏の裏店があり、表店は商店用で、間口二間（約三・六メートル）、奥行き四間半（約八メートル）で家賃は文政期（十九世紀前半）で月金二分二朱（〇・六両）くらいであった。店借人はこの家賃を払って営業していた。裏店は通りの裏にある長屋で、間口九尺（約二・七メートル）、奥行二間（約三・六メートル）、広さ三坪（一〇平方メートル弱）の居住空間だった。長屋の玄関の障子をあけると狭い土間があり、そこに竈が備えられていて、簡単な調理場がある。土間をあがると四畳半の座敷があるが、畳敷きではなく、板敷の上に莚を敷いた程度のもので、普通は押入れもなかった。厠や井戸、ごみ捨て場は共用で風呂もなく、家賃は文政期で月銀五匁、四畳半が二間ある裏店では月一〇匁程度だった。ただし、家賃は江戸市内でも場所によって異なり、江戸城に近いほど高かった。

江戸時代の貨幣価値を現代に換算するのは容易ではないが、日本銀行金融研究所貨幣博物館の資料では米の価格を基準にして行っている。これは、武士の俸禄が米で支給されていたからである。武士は生活するためには米を売って通貨に換えないと生活ができない。その公定価格が定められている。毎年春夏冬の三回発表され、その年の米の出来不出来によって若干変動があるが、江戸時代の中期から後期にかけてはおおむね米一石が一両である。江戸時代の通貨制度は三貨制で、金、銀と銭（銅貨）の三つの通貨があり、それぞれの換算は幕府によって公定相場が定められていた。その公定相場も年代によって変化するが、元禄時代（十七世紀末）の相場は、一両が銀六〇匁、銭四〇〇〇文であったので、多くの場合この換算相場が用いられている。一両はさらに細かく四進法で、金四分および金一六朱である。問題は一両の価値である。米一石は一〇斗（約一五〇キログラム）、一俵は四斗である。現在の米価を参照に米五キログラムの価格を二一〇〇円とすると、一両は六万三〇〇〇円となる。これを基準にすると、銀一匁は一〇五〇円、一文は一六円弱になる。

この換算相場を参考に、当時の庶民の生活をみてみたい。おなじみ八丁堀の同心、三〇俵二人扶持は、固定給三〇俵、一人扶持《いちにんぶち》当たり五俵なので、年収四〇俵となる。これは一六〇斗に相当し、八丁堀の同心の年収は一六両である。かなりの薄給だ。これに対し、同心の上役である与力は高級武士階級で一定の領地を与えられ、そこから年貢を取り立てて俸禄にしており、二〇〇石だった。年貢の徴収割合を四公六民とすると手取りは八〇石で八〇両となり、同心の五倍の年収である。でも、まあこれなら現代の普通のサラリーマンといったところだ。

町人の年収はどうだろう。文政期の大工職人の日当は銀五匁四分、実働日数を二九四日とすると年収二六両になる。八丁堀の同心よりも高給取りだった。料理人の日当は三〇〇文、年収に換算すると二二両である。その他の職人の年収は、手間職人一五両、住み込み職人七両二分だった。奉公人の年収は武家奉公で二～三両、町方奉公で一～二両である。

これに対して当時の物価は、やはり日本銀行金融研究所貨幣博物館の資料（表1）によると、十九世紀前半で醤油一升八三文、酒一升二〇〇文、柿一個六文、卵一個七文、鮭一本二五〇文である。古典落語の「時そば」では、二八蕎麦一杯が一六文だ。現在のものの値段と比べて多少安い気はするが、そう大きな違いは感じられない。やはり賃金が安いのだ。生活はかなり厳しかったと想像される。ちなみに、当時の人は一日に米五合食べたといわれている。元禄の頃になると米の流通が進み、江戸では庶民でも

19世紀前半の農村（関東）

品物	単位	値段	品物	単位	値段
長芋	1本	108文	蓮根	1本	78文
椎茸	10個	45文	鰹節	1本	124文
ゆず	1個	16文	柿	1個	6文
こんにゃく	1丁	8文	卵	1個	7文
醤油	1升	83文	酒	1升	200文
うり	1つ	8文	酢	1升	124文
熊手	1本	35文	ろうそく	60本	100文
草履	1足	12文	鮭	1本	250文
髪結		16文	日傘	1本	188文

表1　江戸時代のモノの値段。1文は16円くらい。
（日本銀行金融研究所貨幣博物館資料をもとに作成）

白米が食べられた。おかげでビタミンB1不足による脚気が流行し、「江戸患い」と呼ばれたぐらいである。白米一升の値段を一〇〇文とすると、年四両二分である。今のようにおかずをたくさん食べるわけではなく一汁一菜が標準としても、夫婦と子どもがいる世帯だと食費と薪や炭などの光熱費を合わせて最低でも年に一五両は必要だ。その他に住居費と衣料費がかかる。

それに対し、文政期の歌舞伎の上桟敷席は銀三五匁、平土間席でも銀一五匁する。とても庶民が気楽に見に行ける値段ではなく、一三二文出して切り落とし席で見るのがせいぜいだった。

着物についてはどうだっただろう。幕府は身分制度を維持するための方策としてさまざまな生活上の規制を法令化した。その一つに「奢侈禁止令」がある。「奢侈禁止令」は江戸時代にたびたび出されたが、寛永五年（一六二八）には、農民が木綿と麻以外の素材の着物を着ることを禁止し、天和三年（一六八三）には、町人の着物について、小袖の価格の上限を銀二〇〇匁に定めている。値段ばかりではなく、着物の色や柄なども細かく制限している。しかし、武士階級をしのぐ経済力を持った町人は衣服に金銭を費やすようになる。井原西鶴の小説「好色一代女」（一六八六年）の巻四「身替長枕」に着物の値踏みをする場面がある。「肌にりんずの白無垢、中に紫がのこの両面、うへに菖蒲八丈に紅のかくし裏を付て、ならべ縞の大幅帯」という装いについて、呉服商が銀一三七〇匁の値をつけている。現代の和服と同じような価値感覚である。とても当時の庶民に手が出る金額ではない。ちなみに、木綿一反は文政期で六〇〇文だった。これでも、庶民の収入からすると高価だ。反物はこの時代すべて手織りなので高かったのだ。

着物は高額だったので徹底的に再利用された。まず、呉服屋は新品の反物を織職人や染職人から仕入れ、上級武家や富裕層の町民に売る。彼らは着物に仕立てて袖を通し、古くなった着物は古着屋に流す。着物は現代の車と同じくらいの値段だったため、中古車市場と同じような古着市場ができていたのである。一般庶民は、現代人が中古車を売買するように、中古の着物を古着屋や行商の古着売りとの間で売り買いし、着古したものは子ども用に仕立て直す。それが古くなると下着や風呂敷、最後は赤子のおしめや雑巾に使われた。

（2）人気の高い下肥

着物だけでなく、物資が限られており大量生産の技術が今ほど進んでいなかった江戸時代には、壊れたら修理して何度でも使い、古くなったら他の用途に利用するのは当然だった。修理のできる職人や、古紙や壊れた鍋、釜、針などの鉄くずを買い集め、紙漉き職人や鍛冶屋に売る廃棄物回収業者が社会的に必要とされていた。専門の職人や商人が商売として利益をあげながら生計を立てていたのである。古紙や鉄くずだけでなく、傘の古骨、蠟燭の燃えカス、竈の灰や髪の毛まで引き取った。需要の高かった修理は、下駄の歯交換、雪駄直し、そろばん修理、鋳物修理、瀬戸物の焼接ぎ、包丁研ぎ、臼の目立て、鏡研ぎ、提灯直し、桶などの箍替え、錠前直しなどである。

屎尿も下肥として利用されていた。農家が買い取っていたのである。江戸近郊の農家は米や野菜を生産して江戸の青果市場に出荷し、一〇〇万人の人口を支えていたのだ。下肥は常に供給不足の状態にあった。農家は大名屋敷や商家、長屋の大家と個別に契約し、屎尿を買い集めた。平均的な値段は十八世紀末で大人一〇人当たり年に金二～三分だった。支払いは通常、盆と暮れの年二回で、店子が四〇人いる長屋では、一回に一～二両の収入になった。川柳にも、

店中の尻で大家は餅をつき

とある。暮れには餅が買えるぐらいの収入があり大家にとってちょっとした副収入だったのだ。とくに、普段からごちそうを食べている裕福な商家や武家から出されるものは人気が高く、排泄量の多い大名屋敷では農家に入札させて売り先を決めるところもあった。下肥の値段を大人一〇人で年金二分とすると、江戸の人口一〇〇万人で年五万両の市場規模である。もともと下肥は供給不足の状態にあり、その市場規模と需要に目をつけた仲買が現れ農民に売りさばいた。このため下肥の値段は常に高騰気味で農家の経営を圧迫していった。寛政期（十八世紀末）以降、江戸周辺の農民たちは幾度かにわたって下肥の買い取り価格の値下げを要求する運動を広域的な規模で結束して行い、勘定奉行や町奉行を巻き込んで供給先の江戸の住民と対峙した。

集めた屎尿はすぐ肥料になるわけではない。地面に穴を掘って溜めをつくりその中でしばらく発酵させて下肥にした。江戸の住民一人から得られる下肥の量は年に三・七五荷、およそ二七〇リットルといわれている。一荷とは、人が担ぐ天秤棒の両側に付ける桶に入る量で四斗である。江戸の人口一〇〇万人で年に二七万立方メートル、およそ二七万トンだ。下肥の施肥量を、時代は下がるが一九〇八年に日本の農地で適用された施肥量一ヘクタール当たり四・三七五トンを参考にすると、江戸の下肥で耕せる農地の面積は六一七平方キロメートル、今の東京都二三区（六一九平方キロメートル）に相当する耕地をまかなえた。しかし、当時の農民が支払った下肥費用から逆算すると、一ヘクタールに一〇トン以上は施肥していたと思われる。とくにダイコン、ニンジン、ネギ、カブ、ナス、カボチャ、コマツナなど、野菜への施肥量が多かった。良い野菜をつくれば高く売れたのだ。江戸近郊の在来種の野菜には地名が付けられて特産地化が進み、練馬大根、三河島菜、居留木橋《いるきばし》南瓜、滝野川人参、品川蕪など、いわゆる江戸野菜として江戸や周辺の宿場に供給された。

屎尿が下肥として利用されたことは、都市として大きな利点があった。河川が汚染されなかったのだ。十九世紀に人口集中が起こった一〇〇万人都市ロンドンでは早くに水洗トイレが完備され屎尿を河川に放流したため、河川の水質汚濁が深刻化し、コレラなどの水を媒介とする伝染病が発生した。同じく一〇〇万人都市のパリは下水道がつくられたのはロンドンより早かったが、屎尿は道路に捨てられた。一〇〇万人の人口を抱えながら江戸の町が長期にわたって衛生的だったのは、屎尿を運び出し、河川に放流しなかったため、河川の水質汚濁がロンドンほど深刻化しなかったことが大きかった。明暦元年（一六五五）、ごみも河川に捨てるのが禁止され、永代島に運ばれ干潟の埋め立てに使用されている。日本

図７　厠にいる主人と、外で待つ家来。北斎漫画　12編より
(国立国会図書館デジタルコレクション)

で初めてコレラが流行したのは江戸時代後期の文政五年（一八二二）である。九州から感染が広がり大坂、京都にまで広がった。江戸の町でコレラが流行したのは安政五年（一八五八）、やはり長崎から海外との交易を通じて持ち込まれた。

3　「もったいない」の文化

「もったいない」という言葉は、もともとは「物体ない」と書き、「その物が本来あるべき意味や機能を実現できない状態にあることをいった。そして、それを惜しみ申し訳ないと思う心情」であり、そこには日本古来の自然観が仏教と融合して生まれた「草木国土悉皆成仏」の思想が反映されている。あらゆるものにはいのちがありそれを粗末に扱うのは神仏に対してふとどきだというのだ。つまり、ものを何もしないで捨て置いたり、そのまま捨ててしまうのはいのちを粗末にすることであり、不徳だから何かに利用する、という論理である。「ものを粗末にすると罰が当たる」と子どもの頃よく言われたものである。

現代人も「もったいない」という言葉を使う。「損をしたくない。無駄なお金を使いたくない」、つまり、「お金の持つ本来の価値を損なう」、という意味で使われることが多い。ものの対象がお金に転化されてしまっているのだ。

物資が限られていた江戸時代と異なり、現代のように、大量生産で安価なものが増え、修理するものや再利用するものが出てこなくなれば、修理する職人も廃棄物回収業者も生計が成り立たなくなり、再利用の仕組みは崩壊してしまう。

しかし、ものを生産するにはエネルギーを消費する。ものを捨てれば、それを処分するにもエネルギーを消費し、また投棄されれば地球を汚染する。エネルギーを得るために石油や石炭などの化石燃料を燃やすと、発生した二酸化炭素によって地球が温暖化し、海洋に投棄された廃棄物によって海洋生物に汚染が広がっているとなると、現代のものの使い方は考え直す必要があるだろう。

それにしても江戸の人々が、蠟燭の燃えカス、竈の灰や髪の毛に至るまで回収して再利用していた徹底ぶりには、単にものがなく生活が厳しかったからだけではない、思想的、文化的な理由を感じる。一般庶民だけではなく、武士や裕福な町人にも徹底されていたのだ。

武士や町人ばかりではない、農民も徹底してものを再利用していた。稲を収穫した後の藁で縄を編み、草履やたわし、米俵、莚や畳をつくるのは当然だった。江戸時代中期の農学者吉田芝渓《よしだしけい》は「開荒須知」で以下のように述べている。

千種万物の廃り失る物皆々糞となりていかよふのものも棄へきものなし

廃物とは、そのもの本来の役割を終えたものをいうわけであるが、決して捨てるべきものではない。あらゆる廃物は肥料になる、というのだ。農民は下肥だけでなく、家畜の糞、藁、枯葉、枯草、食べ物の残飯、燃え殻、鳥獣の死骸など、ありとあらゆる有機廃棄物を集めて肥料にしていた。馬糞ひろいは農家の子どもたちの大事な家仕事の一つだった。

江戸時代前期の村役人、鹿野小四郎が「農事遺書」で、

他処ニテ大小用ヲ勤ルトモ労ヲ凌ギテ立寄田畠ニ勤ムベシ

と述べている。外出していて便意をもよおしたら、労をいとわず田畑に立ち寄ってそこでしなさい、というのだから徹底したものである。

このような庶民の「もったいない」の精神は、昭和三十年代頃までは確実に受け継がれていたように思う。

第6章　森林の破壊と再生

1　古代から中世の略奪期

日本人が森林を使った生活を始めたのは縄文時代といわれている。火を燃やすために森林を伐採し、森で採れるキノコ、ドングリやトチの実などを食料にしていた。また、伐採した後にはクリやウルシなどの木を植え利用していたことが遺跡から確認されている。焼畑も縄文時代に始まった。弥生時代に入ると稲作が日本各地に広まり、農地の開拓に伴って森林が伐り開かれ、森林の消失は徐々に進行する。人による森林の改変の始まりである。稲作より少し遅れて鉄器と青銅器が日本に伝わり、木炭の需要が増したことでさらに木材が伐り出された。しかし、森林の消失が異常なほど進むのは、七世紀に大陸より大規模建築の技術が伝わってからのことである。

日本の森林利用の歴史で、深刻な森林消失の見られた時期が三回ある。第一期は、飛鳥地方に宮都がおかれた時代から平安時代中期にかけて遷都が繰り返され、さらに神社や仏閣の建造が盛んだった時期。第二期は、織田信長が天下を統一して戦国時代が終わり、各大名が領地の復興と築城に木材を伐り始めた時期。第三期は、明治時代の産業勃興による燃料や建築材の需要増加と、それに続く太平洋戦争による軍需と戦後の復興期である。

第一期の大型建築物の造営は六〇〇年頃、推古天皇の時代から始まったと推定され、その後、度重なる遷都や、寺院、貴族の邸宅などの建設が続き、畿内盆地に隣接した山地の原生林はすべて刈り取られてしまった。その結果、野火、洪水、土壌浸食といった災害が発生し、六七六年には飛鳥川上流の畿内の草木採取と畿内山野の伐木を禁止する勅が出されている。この時代の建築は地面に穴を掘って直接柱を立てる掘立柱式建築のため、柱の根もとが腐りやすく二十年に一度くらいの頻度で改築が必要だった。大陸の文化を吸収した寺院などでは石の土台が使われたが、日本古来の神社や貴族の邸宅では平安時代まで掘立柱が使われた。

推古天皇が飛鳥の小墾田宮《おはりだのみや》に都を構えた六〇三年頃、大和周辺の山地には豊かな森林が広がり、木材の伐り出しが容易だった。六四五年、乙巳《いっし》の変の舞台となった飛鳥板蓋宮《あすかのいたぶきのみや》から遷し、孝徳天皇が都を構えた難波宮も大和川や淀川を経由して簡単に木材を手に入れることができた。だが、六五四年、孝徳天皇が崩御すると、翌年には再び飛鳥板蓋宮に都が移された。天智天皇が六六七年に遷都した近江大津宮も当時は木の豊富な森林が近江西部にあったのである。しかし、六七二年に再び飛鳥浄御原宮《あすかのきよみはらのみや》に都が移され、六九一年に持統天皇が飛鳥の北（今の奈良県橿原市）に中国式の都・藤原宮を造営しようとした時には周辺の森林は完全に破壊されていた。このため、はるばる近江の南にある田上山から木材を運ばなければならなかった。田上山から宇治川を流下させ、巨椋池《おぐらいけ》を経由して木津川を遡り泉津（現在の木津）で陸揚げし、さらにそこから牛車で藤原宮まで運んだのだ。さらに、七一〇年には大和北部の

図8　藤原宮跡　大極殿院閤門
(Wikimedia Commons、撮影：Saigen Jiro)

平城京に都が移された。この時には近江の田上と甲賀、さらには伊賀地方の山々から伐り出された。桓武天皇が七八四年に都を移した長岡京、さらに七九四年に都を移した平安京の建設には丹波と山背の国境に広がる豊かな森の木材が使われた。

建築の木材にはヒノキが最も好まれた。香り、色、木目、耐朽性などいずれの面でも優れていた。最高級のヒノキ材は大きくて節がなく木目の真っ直ぐな樹木のものだ。このような樹木は人為による攪乱のない密生した森林でしか育たない。推古天皇が都を造営した宮殿には、屋根にまで大きなヒノキの柿板《こけら》が使われていた。しかし、屋根に使う柿板を揃えるには大きな径の木材を大量に消費する。そのような大木はその後数十年のうちに入手が難しくなり、屋根の材料は伝統的なカヤや檜皮《ひわだ》に変わっていった。

アメリカの歴史学者コンラッド・タットマン

によると、七四〇年代に藤原豊成が紫香楽《しがらき》に建てた、桁行四〇尺、梁行二四尺と推定される邸宅には三一三・四石の木材が使われたという。天平宝字二年（七五八）に建てられた東大寺の大仏殿は、江戸時代に再建された現在の大仏殿に比べて大きく、桁行二九〇尺、梁行一七〇尺と推定され、使われている木材は主柱だけで、太さ三・八尺で長さ七〇尺、六六尺、三〇尺の柱がそれぞれ二八本ずつ、全部で八四本、約五〇〇〇石である。タットマンは、東大寺全体の建設では一〇万石、九〇〇〇ヘクタールの質の良いヒノキの森林が伐られたとみている。さらに、伊勢神宮が二十年ごとに建て替えられるようになった六八五年以降、改築のたびに一六六六三石の木材が消費されたと指摘し、神社仏閣の建設には最上のヒノキ材が惜しみなく使われ、飛鳥時代から平安時代中期まで神社仏閣の建設に使われた木材の総量は約一〇〇〇万石、およそ九万ヘクタールのヒノキの原生林が消失したとタットマンは推定している（以下、寺社仏閣や城郭の建設に使われた木材量の値は、コンラッド・タットマン『日本人はどのように森をつくってきたのか』〈築地書館〉を参照した）。ここで、一尺は三〇・三センチメートル、一間は六尺（一・八二メートル）、一石は木材の場合、一〇尺×一尺×一尺の体積（〇・二七八立方メートル）である。

平安時代中期以降、新たに良質の木材を得るのが難しくなり、遷都などで不要になった建築物の木材を再利用することが行われた。藤原豊成の紫香楽の邸宅は二十年後売却され、木材は石山寺（滋賀県大津市）の建設に使われた。また、建物自体も小さくなり、骨組みに使われる木材も小ぶりになった。木製の壁は漆喰に変わるなど、建築様式も次第に変化していった。

木材は建築だけに使われたわけではない。その他消費が大きかったのは、船の建造、仏像の彫像と生活用の薪と炭だった。船の建造にはスギとクスノキが好まれた。加工しやすく、弾性に富み、耐腐・耐水性に優れたスギが最適の造船用材とされた。仏像の彫像にはクスノキが使われた。クスノキは細工がしやすく香りが強かったのだ。大陸で最高の仏像材とされたビャクダンに代わり得るものとされたのである。

建築や造船、彫像に用いられるよりも量が多かったとみられるのは生活に必要な燃料用の薪や木炭である。とくに、人口の大部分を占める一般庶民の利用量は一人当たりでは貴族のそれに比べて微量だが総量では庶民層の方が疑いなく多かったはずである。都には数万人から十数万人の人が集住していたのだ。彼らの住居にも木材が必要だ。ただ、これに関しては記録がないので正確なことは不明である。貴族にとっても薪は貴重であり、宮中では年越しが近づくと官吏がめいめい新年の薪を納める習わしがあった。最高位にある者は薪一〇担（七尺の長さのものが二〇株）というように、官位によって量が決まっていた。薪には火力の強いマツが好まれた。木炭は、一般の料理や暖房用にはナラやクヌギのような落葉広葉樹が、鍛冶にはクリやマツが使われた。東大寺の大仏の鋳造には一万六六五〇石以上の木炭が使われた。クリの原木だと二万石以上である。これだけの木炭をつくるには、一〇〇ヘクタールを超えるクリ林の木を伐らなければならず、一人が一日一・三石の木炭を焼きあげるとすると、一〇人で三年半かかる。

飛鳥時代から平安時代中期までの時代は、断続的ではあったにせよ広い面積が農地に転用されて木材の生産から離脱していく一方で、人口の増加が誘発されて、残された森林にさらなる伐採の圧力がかかった。さらに、耕作地以外のところでは、薪や木炭用の木の採取でヒノキやスギなど、神社や仏閣、貴族の邸宅建設に用いる針葉樹の再生が完全にはばまれてしまった。針葉樹は森林遷移の最終段階にあり、成熟した針葉樹林が成立し、建築用の木材がとれるようになるまでには百年から二百年を必要とするからだ。そのため、この時代、畿内のヒノキやスギ林は完全に伐り尽くされてしまい、八世紀半ばには近江周辺の山地や木津川の上流とその支流にあたる伊賀地方で伐り出しを行っていた。藤原京と平城京の造営に大量の木材を供給した田上山も石山寺が建立される七六〇年代には大径木がまばらになり、四寸角の木材と短い板しか供給できなくなっていた。七九〇年代の平安京への遷都では丹波の山の木が使われるようになった。このような事情を背景に、八世紀から九世紀になると、寺院や神社、貴族は森林に対する支配権を強化して利用規制を行い、森林を囲い込むようになっていった。

しかし、畿内で針葉樹林が伐採されても、その後に自然の森林遷移で、クリ、ブナ、クヌギ、コナラといった広葉樹がたくさん生えてきたはずである。これらの樹木は燃材としての価値が高く、成長が早いうえに、切り株や根から新しい若芽が伸びる。そのため十から十五年くらいの短い間隔で繰り返し収穫できる。膨張する都市の人口を支える燃料の供給に役立つことになったと思われる。その他、森が開かれて林床に光が入ると、多種多様な植物が生えてくるのは生態系的にも好ましいことである。鳥類をはじめ豊かな動物相を支える土地の能力が高まるのだ。キノコやワラビなどがとれ、獣皮などの産品が市場に出回るようになった。

しかし、萌芽の二次林は山火事の被害を受けやすい。樹冠が高くそびえる極相の森林にはめったに火が入らないが、灌木の藪や丈の低い萌芽林では火が簡単に地表を走り燃え広がる。奈良、平安時代には畿内全域でたびたび火災が発生していた。七四五年には伊賀の真木山で大規模な山火事が発生し、山城、近江に燃え広がり、紫香楽の近くにまで火が達し、十三日間燃え続けた。七〇三年から八〇三年までの間で記録に残っている森林火災だけで約一〇件ある。火災の原因は、落雷などによる自然発生的なものや焼畑耕作などの人為的なものがあるが、高木林を灌木林に変え、その二次林を頻繁に伐採したことが、畿内の火災の規模と頻度を高めたのだ。

最終的には、畿内の森林は何代にもわたって、萌芽林の伐採と再生、つまり草、低木、アカマツ、雑木の広葉樹といった循環が繰り返され、そのうえ過剰な採取が続いたため、林地は絶え間ない浸食にさらされ、土地は肥沃度が失われていった。植生はますます貧弱になり、山は不毛なはげ山へと変わってしまった。しかし、このような森林の生態的劣化がみられたのは畿内の地域に限られ、それ以外のところでは森林の構成が変化したものの生物圏の深刻な衰退は生じていなかった。奥山の森林においては大径木が伐り出された後、次第に異齢の混交林に変化していったが、十分な時間を与えてやれば質の高い大径木を再び生産してくれたはずである。ただし、建築用のヒノキは森林の回復に時間がかかるため、供給不足の状態が続いた。とくに大径木のヒノキはほとんど見つからず、一一八〇年に焼失した東大寺を鎌倉時代に再建したときには本州の西端に近い佐波川の上流から主柱用の木が伐り出された。一四四二年、東福寺の再興には美濃産の木材六〇〇〇駄が、一四四七年の南禅寺の仏殿の再建には美濃と飛驒産の木材一〇〇〇駄が陸路で長良川から琵琶湖まで運ばれ、そこから筏で京都へと運ばれている。ここで、一駄は荷馬一頭に背負わせる荷物の重量で三六貫（一三五キログラム）である。

平安時代中期以降、支配層の大径木に対する飽くなき欲求は絶えなかったが、数世紀にわたって日本の森林利用はゆっくりと展開した。十六世紀半ばまで森林に関わる利用面、保存対策面での大きな進歩はなかったのだ。進歩がみられたのは木材の輸送である。木材の産地が遠くなり、地勢の険しい場所が多くなったために、木落としや巻き上げ技術、川止めや運河づくりの技術が進歩し、筏による丸太の運搬も広く行われるようになった。筏を牽引したり、丸太を船の側面に縛り付けて運ぶこともできるようになった。また、東北の遠隔地、本州中部や四国の奥地は十七世紀までほとんど手つかずのままに残った。

農地に転換されない里地里山であれば、燃料や肥料の半永久的な供給源となり、草地、藪、丈の低い雑木林やマツ林のような形で生き延びた。村の近くであれば一般に萌芽林としてよく管理され、燃料、堆肥材料、小径材、クリなどは食料などの用途で採取されていた。

2 近世の森林破壊

一五七〇年頃から始まる近世の森林破壊は、古代のそれを広域化したものである。十六世紀頃から、戦国大名たちは富国強兵の実現のため、広い面積の森林を耕地に変え灌漑を整備し、農業生産の拡大を進めた。このため人口が急増し、村人たちの森林の利用が著しく増大した。農地にならなかった山林からは肥料、燃料、飼葉、自家用の建設用材などが頻繁に採取されるようになった。一方、戦国時代が終わりに近づくと、大名たちは領地の支配権を確立し、織田信長、豊臣秀吉、徳川家康の出現で安定した幕藩体制ができあがっていく。大名たちは領内の支配体制を強化するため、城郭と城下町の整備に着手し、江戸時代初期にかけて全国で膨大な量の木材が消費された。支配層と非支配層の需要が重なって、森林は過剰利用の状態になり、生態的劣化が進行していった。こうした状況を背景に、支配層と非支配層の利用権をめぐる紛争が多発するようになる。

一五七〇年代から八〇年代にかけて巨大な城がいくつも建てられた。北の庄城、亀山城、姫路城、岡山城、広島城などがよく知られている。しかし、極めつきは豊臣秀吉が造営した大坂城（一五八三〜八三年）である。その他、秀吉は京都の復興に力を入れ、聚楽第や方広寺を建設した。方広寺の大仏殿には六三尺の巨大な仏像が納められた。秀吉はそれらの建設に最高級の木材を要求し、全国の大名から資材を集めた。

規模は少々小さいが、一五九〇年代に建設された松本城の本丸には二五一四石の木材が使われた。さらに、一六〇〇年までに松本の城下町に約一二〇〇戸の住宅を建設し、城郭と城下町の建設に約二〇万石の木材が使われた。これは立木にすると四〇万石に相当するという。

城郭の建設に使う木材は何でもよかった。城は放火から守るため木造の外壁は漆喰や瓦で覆われていた。ひびが入った曲がり材や廃材、マツ、サワラ、ヒノキはもとよりケヤキなどの広葉樹も使われるようになった。ケヤキは重い荷重に耐えることから梁や柱に好んで使われるようになった。古代の略奪期には伐採の樹種はヒノキ材などに限られていたが、この時代はすべての樹種が対象となり森林の木はすべて伐り尽くされてしまった。このため、森林には土壌の流出や浸食など古代期以上の損傷が生じた。

江戸時代に入り、徳川家康は江戸の建設事業に着手する。江戸城を改修し、さらに名古屋城、駿府城も建設した。家康も秀吉同様、大量の木材やその他の資源の供出を大名に求め、自らも高品質の建築材の供給源である吉野や木曽谷、天竜川流域を直轄地とした。この三つの城の建設におよそ一〇〇万石の木材が使われたと推定されている。さらに、大名は参勤交代のため格式高い優雅な大名屋敷を江戸に建

図９　松本城
(Wikimedia Commons)

設した。これにも大量の木材が消費された。
　近世の森林略奪が進展した一六六〇年代になると、全国で森林が枯渇した状態になり地域差がほとんどなくなった。木材の質が低下するとともに量的な不足も広がってきた。木材の不足に拍車をかけたのが火事である。木造の家が密集した都市は火事に弱かった。明暦三年（一六五七）には江戸時代最大といわれる明暦の大火が江戸で発生した。江戸城の天守と本丸、二の丸、三の丸も消失し、死者は一〇万七〇〇〇人と推計されている。江戸では都市が発達し人口が増えるのに比例して火事の回数も増加していった。「火事と喧嘩は江戸の花」という言葉が残っているほど江戸では火事が頻繁に発生しており、江戸城が焼けた火事だけでも江戸時代に八回ある。明暦の大火と明和の大火（明和九年〈一七七二〉）、文化の大火（文化三年〈一八〇六〉）を合わせて江戸三大大火と呼ぶことがある。江戸以外に大坂や京都でも大火は頻繁に発生している。火事のたびに町の再生には大量の木材を必要とした。また、人口の増加に伴い、都市部だけでなく農村部でも薪や木炭の需要が増えると同時に、製塩、製陶、製鉄の産業が発達した。これらの産業は大量の燃材を必要とし、さらに木が伐採された。森林利用をめぐる支配層と非支配層の争いは慢性化し、土砂の流出、河川の氾濫など森林の下流域への影響も顕在化してきた。古くから森林の収奪が続いてきた畿内では、山からの土壌の流出が激しく大雨が降ると淀川や大和川の下流に泥が堆積し、流れを堰き止めていた。このような事態に対し、幕府は「諸国山川掟」（寛文六年〈一六六六〉）で、上流の山での木の伐採を禁止し、「川上左右之山方木立無之所ニハ、当春ヨリ木苗ヲ植付、土砂不流落様可仕事」として、川上の左右の山で木立のないところには、今年の春より苗木を植えて、土砂の流出が起きないようにするよう勅令を出している。また、江戸時代初期の秋田藩家老渋江政光は、その遺訓に、「国の宝は山也。然れ共伐り尽くす時は用に立たず。尽さざる以前に備えを立つるべし。山の衰えは則ち国の衰えなり」と記すなど、林政に関する優れた論者も現れた。治山治水の考えに基づく土砂流出防止林や、水源涵養林、防風林、海岸防砂林などが各地で造成された。能代海岸（秋田県）にクロマツを植えた能代の廻船問屋・越後屋太郎右衛門、庄内海岸（山形県）にクロマツを植えた酒田の豪商・本間光丘など、私財を投じて森林の造成を行った例もある。同時に、森林管理の新しい動きが徐々に出てきた。収奪の時代から育成の時代への転換である。

3　近代の森林育成

まず行われたのは、森林を調査し、領主が管理する森林と村が管理する森林とに区分けすることだった。領主が管理する森林は御林として、留山に指定し無断で伐採することを禁止した。貞享二年（一六八五）に幕府は四人の御林《おはやし》奉行を勘定所に設け、御林台帳を作成して木の伐採と育成を管理している。村が管理する森林に対しても、村人の地位によって家の大きさを決め、山から伐り出す木の量を規制するなど、細かい規則が過剰なほどにつくられている。さらに、森林を区分して順番に伐採して回復を図る「輪伐」や、伐採に際して未成熟な樹木や稚樹は残して森林の更新にあてる「択伐」などが提唱され、十八世紀になると単純な伐採禁止に代わる方法として各地で実施された。しかし、規制中心の管理だけでは建築用材や燃材、肥料材料、飼葉の需要をまかなえる量の森林生産を回復できず、人工造林の新たな段階へと移っていった。

人工造林が日本に広まったのは十八世紀後半である。主に、スギとヒノキの造林が行われた。広く行われたのは、苗床での苗木の育成、植栽や挿し木、そして間伐や枝打ちによる人工林の保育である。興野隆雄の「太山《とやま》の左知」（一八四九年）など、多くの造林書も執筆された。近世の略奪の後、森林の生産はなかなか回復せず、需要が供給を上回った状態が続いていたが、断続的な植林から出発して人工造林が発達したことで森林の生産量を増やすことができ、十九世紀初めにはその需要を充足させることができるようになった。

人工造林の普及に伴って苗木が全国規模で流通する市場が形成された。苗木を生産する専門の業者が誕生する。その一つが大坂の北にある池田である。池田地方は水が不足していて稲作には不向きであったが苗圃を設置するには適していた。北西の山が冬の厳しい季節風を遮り、粘着力のある肥沃な土壌に恵まれていた。この土は芽生えをよくし、出荷する時にも根にしっかりと土が付いていた。また、大坂に近く幹線路沿いにあるため販売面でも有利だった。この池田地方の苗木業者らは丹波、大和、紀伊にある山林から種子と挿し穂を集め、苗床で育て、全国に販売した。生産された苗木は数十本から数十万本という単位で全国の大名に売られていた。十八世紀後半には大坂の一三五の苗木業者が座をつくり、大坂近郊すべての苗木を取り仕切っていた。

人工造林は林業をも育成した。恵まれた市場条件が人工造林の費用を相殺できるような場所では木材産業が発展したのだ。紀ノ川と大堰川流域がそれである。紀ノ川流域では人工林の成熟とともに木材の産出が増加した。一七六〇年代に四〇〇〇立方メートルであった年平均産出量は、一七七〇年代には八〇〇〇立方メートルになり、一七八〇年代には二万一〇〇〇立方メートルにまで増加した。また、東北や九州の一部の地域では、藩が主導的に木材生産と造林を推進し、その中で藩と地元の住民が立木の販売収益を分け合う分収林制度も生まれた。この時期、人工林林業に必要な状況が一定の範囲内で醸成され、幕藩と民間の企業的な林業業者がこの機会をとらえて持続可能な人工林の造成に成功したのだ。大小さまざまな植林事業が木材生産を人工林に移行させることになり、日本は高齢の原生林に依存することをやめ、人工的に置換された林木で用材の需要を満たすようになった。天然林ないしはそれに準ずる混交林はたくさんあったが、人工林からの出材が着実に伸びていった。一八三〇年代には森林の長期的安定が達成され、収穫保続の林業が列島全域で実行されるようになった。

4　明治時代以降の森林事情

明治時代に入ると、政治的混乱の中、官林の盗伐や民間林の乱伐が行われ、再び森林の荒廃が進んだ。また、近代産業の勃興により、燃料としての薪炭、開発に伴う建築材、鉄道の枕木、造船材料や紙に加工されるパルプ原料の需要が増え、森林の伐採が進んだ。山の木が伐採されただけではない。銅などの金属製錬所で排煙に含まれる二酸化硫黄により周辺の山の樹木が枯れる煙害が発生したのだ。これらの製錬所の多くは江戸時代から採掘をしていたが生産量が少なく、大きな問題は発生していなかった。江戸時代に金属採掘と製錬で発生した森林被害といえば、佐渡金山で坑木、燃料採取による禿山と洪水の発生と、中国山地でたたら製鉄による森林破壊があった程度である。明治時代に入り、採鉱、製錬、運搬の設備を近代化し、生産量を飛躍的に増大させたのだ。製錬所からの排水によって川の魚が大量に死亡する被害も発生した。別子銅山や日立鉱山の煙害、足尾鉱毒事件、赤川鉱毒事件などである。山の木が枯れてしまったため、土砂が流出し、下流域の田畑へも洪水による被害が拡大した。明治時代中期は過去と比べて、最も山地・森林の荒廃が進んでいた時期といわれている。

このような状況下で明治政府は、明治三十年（一八九七）、保安林制度と営林監督制度を二本柱とする森林法を制定し、山の山腹工事と植林を各地で行った。その後、社会の安定とともに、国や民間による造林が盛んに行われ、森林は次第に回復していった。しかし、第二次世界大戦が始まると、再び大量の木材や木炭が必要になり、平地林は造船、建築、坑木・薪炭用材としてことごとく伐採され、奥山の国有林からも軍需用造船用材として多くの大木が伐採された。

昭和二十年代から三十年代には戦後の復興のため、木材需要が急増した。森林は大きく荒廃し、各地で台風などによる大規模な山地災害や水害が発生した。昭和二十二年（一九四七）九月に関東、北日本を襲い利根川上流域に多量の降水をもたらしたカスリーン台風では、山腹崩壊に伴う土石流の発生や河川の氾濫により、利根川流域の一都五県で死者一一〇〇名、家屋の浸水三万三一六戸、家屋等半壊三万一三八一戸、田畑の浸水一七万六七八九ヘクタールの被害がでた。このため、国土の保全や水源の涵養の面から森林造成の必要性が庶民の間に強く認識されるようになった。この時期、民有林では約一二〇万ヘクタール、国有林では約三〇万ヘクタールの造林未済地、いわゆる禿山があり、その解消が喫緊の課題であった。政府は昭和二十五年（一九五〇）に「造林臨時措置法」を制定し、造林を積極的に行った。当時は建築用材、橋などの土木建築用材にスギ、マツなどの針葉樹材の需要が大きかったのに対し国産の針葉樹材の供給量が追いつかなかった。このため、政府は、広葉樹からなる天然林の伐採跡地などを、スギやヒノキなど、針葉樹中心の人工林に置き換える拡大造林政策を実施した。広葉樹林のみならず、里山の雑木林や奥山の急峻な天然林までもが伐採され、代わりにスギやヒノキなど、成長の速い針葉樹が植えられていった。

ところが、その後、林業への期待は一変する。昭和三十五年（一九六〇）、「貿易・為替自由化計画大綱」に基づき、外国産の木材輸入が自由化され、価格の高い国産材の需要は急減した。同時に、家庭用燃料が薪炭から化石燃料に置き換わり、日本の森林資源は建材としても燃料としても需要がなくなり、林業は衰退していった。利用されずに放置された人工林は、間伐などの手入れが行われず、森としての健全性が失われていった。手入れが行われなくなった単一樹林は天然林に比べて樹木が密集し、地面に光が届かなくなるため林床植物が育ちにくく、雨で土壌が流出しやすい。傾斜地などでは土壌崩壊による自然災害が起きやすく、病害虫の被害も発生しやすいことから混交林による土壌の回復、維持が望まれている。

同時に、戦後に造林された人工林は樹齢五十年を超え、本格的な利用期を迎えている。これらの成熟した森林資源を伐採し、利用したうえで、跡地に再び造林を行う森林の若返り対策が重要な課題になっている。

5 輸入材の変遷

我々の日常生活で使われている木材には海外の森林で生産されたものが多い。木材の国内自給率は、二〇一六年で三四・八パーセントだ。本やティッシュペーパーの紙製品に使われているパルプ・チップ用材の八三・三パーセントは輸入である。

森林は地球上の大気循環および水循環で重要な役割を果たし、地球の温暖で湿潤な自然環境を支えている。とくに、世界の農業生産はこうした地球の自然環境によって維持されている。日本は木材だけでなく食料も海外から多くを輸入しており、日本人の生活はさまざまな面で世界の森林に依存しているのだ。

製材用材は北米大陸のカリフォルニア州北部からアラスカにかけて広がるダグラスファー（ベイマツ）、スプルース（トウヒ）を主体とした温帯、亜寒帯性の常緑針葉樹林や北欧のホワイトウッド（トウヒ）、モミなどの常緑針葉樹林からのものが多い。近年、ホワイトウッドに代わりレッドウッド（ヨーロッパアカマツ）の輸入が増えている。また、ニュージーランドや南米大陸のチリのラジアータマツも輸入されており、アフリカの熱帯雨林から広葉樹が輸入されている。

パルプ・チップ用材は世界各地の森林から輸入されているが、北米大陸の常緑針葉樹林やオーストラリアのユーカリを主とした常緑広葉樹林からのものが多い。

合板や合板用材はマレーシアやインドネシアの熱帯雨林に生育するフタバガキ科の樹木、東シベリアの落葉針葉樹林で生産されるダフリカカラマツが多くを占めている。

日本が依存している世界の森林の状況をみると、地球上の森林の面積は一九九〇年の四一億一八〇〇万ヘクタールから二〇一五年には三九億九九〇〇万ヘクタールに減少した。この二十六年間に減少した森林の面積一億二九〇〇万ヘクタールは南アフリカの国土面積に匹敵する。最近五年間でみると、森林は年に七六〇万ヘクタール減少する一方で植林などによって四三〇万ヘクタール増加している。正味の減少面積は年に三三〇万ヘクタールだが、森林面積が減少している地域と増加している地域とは必ずしも同じではない。中国、アメリカ、インド、ベトナムでは森林面積が増加し、ブラジル、オーストラリア、インドネシア、ナイジェリア、ジンバブエでは減少している。

日本へも木材を輸出しているマレーシア・ボルネオ島の熱帯雨林は森林面積の減少が著しい地域の一つである。過度の伐採が進み、山間に暮らす先住民たちは「森林の所有権を侵害された」として、企業と州政府を相手に相次いで訴訟を起こしている。北米の先住民の間でも同じような問題が生じている。また、マレーシアやインドネシアでは違法伐採された木材が安い価格で輸出され問題化している。日本が輸入している外国産の木材のうち違法伐採が約一割を占めるというNGO（非政府組織）地球・人間環境フォーラムの推計もある。環境破壊につながるだけでなくテロ組織の資金源にもなっているとの指摘があり、国際的に対策を強化する動きが広がっている。米国や欧州連合（EU）ではすでに関連法が整備され、二〇一八年三月八日にチリで署名された「環太平洋パートナーシップに関する包括的及び先進的な協定（TPP11協定）」にも違法伐採対策が盛り込まれ、各国での行政措置の実施と各国間の協力に関する規律が規定された。日本では木材製品に合法性証明の確認を義務づける「グリーン購入法」が二〇〇一年に施行されていたが、公共機関の調達に限定され、民間企業の調達に関しては自主的な確認にとどまっていた。そこで、「合法伐採木材等の流通及び利用の促進に関する法律（通称『クリーンウッド法』）」が二〇一七年五月二十日に施行され、民間企業の調達にも合法性証明の確認が義務づけられた。

6　森林と温暖化

植物は二酸化炭素を吸収して成長する。一九九二年に地球温暖化防止のための国際的な枠組みとして「気候変動に関する国際連合枠組条約（気候変動枠組条約）」が採択され、森林の地球温暖化防止機能が注目されるようになった。一九九七年の「気候変動枠組条約第三回締約国会議（COP3）」では、「京都議定書」が採択され、二〇〇八年から二〇一二年までの五年間の「第一約束期間」における温室効果ガス排出量を、原則として基準年である一九九〇年の水準と比較して、先進国全体で少なくとも五パーセント、日本は六パーセント削減することが定められた。

日本が「京都議定書」の約束を履行するため、「地球温暖化対策の推進に関する法律」に基づき策定した「京都議定書目標達成計画」では、温室効果ガス六パーセント削減約束のうち、温室効果ガスの排出削減により〇・六パーセント、森林吸収源対策により三・八パーセント、「共同実施」「クリーン開発メカニズム」「排出量取引」など市場原理を活用した「京都メカニズム」により一・六パーセントを確保することにしており、森林に期待される役割は大きかった。

育成林については、一九九〇年以降に適切な森林施業が行われた場合に「森林経営」として吸収量が算入されることから、第一約束期間以前は毎年三五万ヘクタール程度で推移していた間伐面積を、第一約束期間には年平均五五万ヘクタールにするなど森林整備面積を拡大し、目標である三・八パーセントの森林吸収量を確保した。

また、「京都議定書」では、二〇一三年から二〇二〇年までの八年間を「第二約束期間」としている。日本は「第二約束期間」については目標を設定していないが、「気候変動枠組条約第一六回締約国会議（COP16）」で採択された「カンクン合意」に基づき、二〇二〇年度の温室効果ガス削減目標を二〇〇五年度排出量比で三・八パーセント以上として気候変動枠組条約事務局に登録し、森林吸収源対策により、約三八〇〇万CO_2トン（二・七パーセント）以上の吸収量を確保することとしている。なお、「第二約束期間」の目標を設定していない先進国も二〇一三年以降の吸収量の報告を行い、審査を受けることになっている。

二〇一五年にパリで開かれた「気候変動枠組条約第二一回締約国会議（COP21）」では、二〇二〇年以降の気候変動対策について、先進国、発展途上国を問わずすべての締約国が参加する公平かつ実効的な法的枠組みである「パリ協定」が採択された。日本は、「パリ協定」や二〇一五年に気候変動枠組条約事務局に提出した約束草案などを踏まえ、「地球温暖化対策計画」を作成し、二〇一六年五月に閣議決定した。計画では、二〇二〇年度の温室効果額削減目標を二〇〇五年比三・八パーセント減以上、二〇三〇年度の温室効果額削減目標を二〇一三年比二六・〇パーセント減とし、この削減目標のうち、それぞれ約三八〇〇万CO_2トン（二・七パーセント）以上、約二七八〇万CO_2トン（二・〇パーセント）減を森林吸収量で確保することを目標としている。この森林吸収量を確保するためには二〇一三年から二〇二〇年度までの間において年平均五二万ヘクタール、二〇二一年度から二〇三〇年度までの間において年平均四五万ヘクタールの間伐の実施などの森林吸収源対策の着実な実施に加えて、地域材利用による伐採木材製品（ＨＷＰ）の蓄積量を増加させる必要がある。

二〇一六年における間伐面積は四四万ヘクタールであり、森林吸収量は一二九七万炭素トン（約四七五〇万CO_2トン）、またこのうち地域材利用による伐採木材製品（ＨＷＰ）による吸収量は八〇万炭素トン（約二九二CO_2トン）となっている。

同計画では、目標達成のため、適切な間伐などによる健全な森林整備や保安林などの適切な管理、保全、効率的かつ安定的な林業経営の育成、国民参加の森林づくりの推進、木材および木質バイオマス利用の推進などの施策に総合的に取り組むとともに、間伐などの実施に必要な安定的な財源確保について検討することが明記されている。こうした情勢を背景に、現在、地方独自の財源確保の取り組みとして、森林整備などを主な目的とした住民税の超過課税が三七府県で実施されており、さらに、二〇一七年十二月に閣議決定された、「平成三十年度税制改正の大綱」において、市町村が実施する森林整備などに必要な財源にあてるため、二〇一九年の税制改正において森林環境税及び森林環境譲与税を創設することが決定された。

7　森林と日本人

このような豊かな自然が残っているのは、日本人が自然を愛し自然を大切にする国民だからという人がいる。しかし、過去における日本人と森林との関わりをみてみると、日本人は決して森林を大切にしてきたわけではない。自然の美を観賞して歌を詠み、自然を模した庭をつくって楽しんだのは貴族などごく一部の支配層だけで、大部分の庶民は自然の美を観賞するような余裕はなく、自然に対して非常に実務的だった。生活のために木を伐り、森林を開墾し、利用したのだ。また、自然を愛した支配層も、自らの顕示欲のためには惜しげもなく木を伐り倒した。日本の森林が崩壊せずに残ったのはいくつかの偶然が重なっただけである。

まず大きかったのが、日本は温暖で湿潤な気候に恵まれ、森林の復元力が強かった点である。伐り倒しても、数十年すると木が生い茂り森林は復元した。そのうえ、スギ、ヒノキなどの高齢原生林が伐採されるとこれらの林地は広葉樹の多い混交林に変わる。広葉樹は建築材には向かないが質の高い燃料や肥料を供給してくれる。広葉樹が多くなったことで社会の差し迫った需要を満たすことができるようになった。

次に社会的な要因がある。飛鳥時代から平安時代中期にかけての略奪期は大型建築物と宮都の建設で畿内の高木林は藪に変わり、耕地に転用された。奈良や京都に近いほとんどの土地では激しい収奪にさらされて環境の変化と劣化が起こっていた。しかし、この時代の支配者は伐採活動を日本全体に広げるだけの力を持っていなかった。畿内とその周辺に蓄積されていた森林がひとたび消費されてしまうと、木材の消費を基盤とした活動はもっぱら地域内の森林の生産能力に規定されてしまうことになった。

安土・桃山時代から江戸時代初期の近世の略奪期には北海道以南のあらゆる森林が伐採の対象になった。その結果、広い範囲にわたって浸食と洪水が発生し、林地の利用権をめぐる争いがあちこちで頻発するようになった。日本全土の森林に限界を超えた圧力がかかり始め、破局が迫っていた。しかし、この時も森林の崩壊は起こらなかった。自給自足の社会が許容し得る最大限の生産能力と人口に達したのだ。日本は島国で外からの資源の供給は限られている。十四・十五世紀に始まった農業生産と手工業の発達は貨幣経済を進展させ人口成長を引き起こした。増えた人口を養うため積極的な新田開発と土地生産性の向上が図られた。当時の技術で農地に転用できるところはすべて農地となり、生産性は極限に達し、人口は十八世紀中頃に飽和に達した。農村でも人が増え、農家は家畜を使うよりも家族の労働力に期待するようになり、労働集約的な農業へと変化していった。出産調整が行われるようになり、十八世紀後半からたびたび飢饉が発生したこともあり、人口は明治維新までほぼ横ばいとなる。その結果、森林への需要も伸びずに低迷し、十八世紀後半に広まった人工造林による供給能力の向上を待つだけの余裕ができたのだ。

さらにこの時期、秋田藩家老・渋江政光のように優れた林政論者が支配層だけでなくあらゆる階層で現れた。同時に、財産を守ること、その資源を育成すること、土地と人間と事業の生産性を最大にすること、世襲財産を豊かにして次世代に引く継ぐことなど、村や家、事業に関わる行動規範が幕府と藩によって次々とつくられた。資源の保護と産出最大化の一般原則の中には森林も含まれていた。こうした保全倫理の存在が森林の保全に少なからず影響を与えたのだ。

明治時代以降、さまざまな産業が勃興し、同時に戦争による軍需と戦後の復興が重なり、日本中の木が伐られ、森林は破局寸前まで荒廃した。この時にもさまざまな造林政策がとられたが、最終的には海外からの木材の輸入が自由化されたことで救われた。

さらには、限られた資源の中で最大限の活動を志向する日本人の習性がある。日本人はものがなくなると外部を侵略してでもそれを手に入れようとはしない。あるものをうまく活用して、自らをその環境に順応させようとする。島国でものが限られている中で生きてきた日本人の生活の知恵である。古代の略奪期でも、畿内の森林資源が枯渇すると、解体した建物の廃材を利用したり、建物の規模を縮小したりして対応した。近世でも、人が増え自給自足の社会が飽和すると、幕府や藩、農民も無理に森林を伐り開こうとはせず、農民は家畜を手放し家族の労働力でまかなうようになり、出産調整をして環境に適応していったのだ。

第7章　自然と環境問題

1　エネルギーと自然

幕末の開国とともに日本は西洋の技術を積極的に取り入れ工業化の道を邁進する。明治時代に入り工業生産に必要なエネルギー源として石炭の需要が高まり、炭鉱を国有化して開発が進められた。明治時代初期の主な石炭生産地は九州の筑豊、三池、長崎、本州の宇部、常盤、北海道の白糠、茅沼、幌内、夕張で生産量は二一万トン（明治七年〈一八七四〉）であった。その後、石炭生産地、生産量ともに増え続け、明治三十五年（一九〇二）には一〇〇〇万トン、明治三十四年（一九〇一）に官営八幡製鐵所の高炉が稼働し、鉄鋼製品の国内生産が本格化すると、石炭の生産量が急増し、明治四十三年（一九一〇）には一五七〇万トンに達した。鉄鋼生産には製鉄所の近くで採掘された国内炭が使用されたのだ。それに伴い、炭鉱の設備も機械化が進められ、採炭、排水、運搬などは人力から蒸気機関に置き換わり、「炭坑節」に歌われたように炭鉱には大きな煙突のある光景が見られるようになった。

昭和時代に入り、重化学工業を中心とする軍需産業、電力産業、海運業の進展により石炭生産は伸び

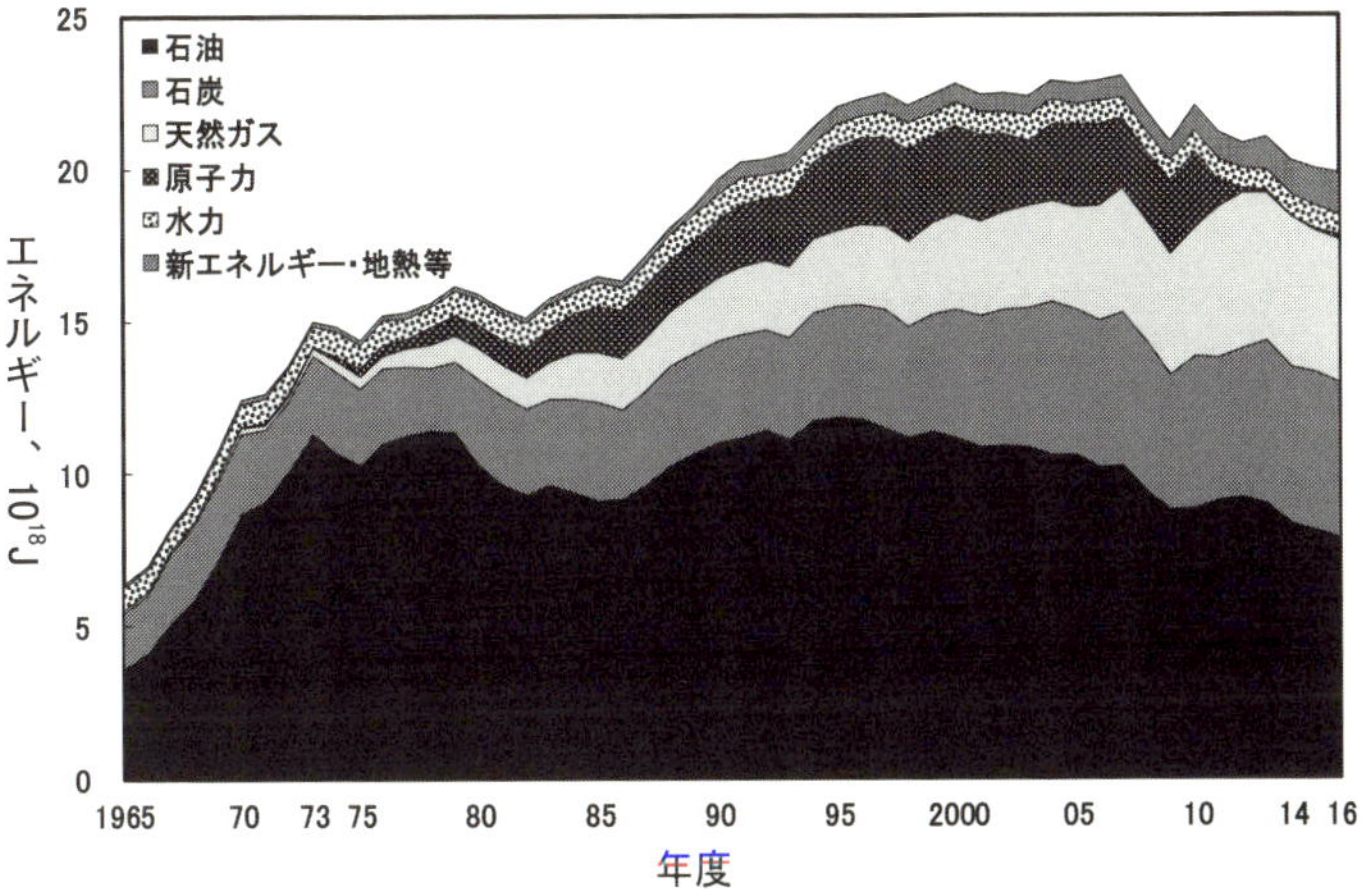

図10　日本のエネルギー供給の推移
（資源エネルギー庁、エネルギー白書、2018）

続け、一九四〇年には五六三一万トンを生産している。戦後、石炭生産量は二二三〇万トンまで低下したが、戦後復興政策により再び増産され、一九五一年には四六五〇万トンに回復した。

昭和三十年代（一九五五〜一九六四）に入ると石炭に代わり石油が、火力発電、交通機関用の燃料として使われるようになり、石炭から石油への燃料転換が急速に進んでいった。石炭の生産量は一九六一年の五五四〇万トンを最高に減少に転じ、翌年に石油の輸入が自由化されると石油が石炭に代わってエネルギー供給の主役になった。同時に、海外から良質で安価な石炭が輸入されるようになり、日本の石炭産業は衰退していった。

昭和四十年代（一九六五〜一九七四）に入ると鉄鋼、化学を中心とした素材産業が発展したことから、日本のエネルギー供給量は急増し（図10）、一九六五年の六・三八エクサジュール（EJ、10^{18}J）からローマクラブが「成長の限界」を発表した一九七二年には一三・五七ＥＪと八年間で倍増し、年一〇パーセントを超える経済成長が続いた。

一九七三年に起こった第一次石油ショックは日本のエネルギー構成と産業の構造を大きく変化させた。石油価格の上昇からエネルギー供給量の増加は一時的に鈍化したが、安定した経済成長が続き、一九九七年にはエネルギー供給量二二・四五ＥＪに達した。その後、日本はバブルの崩壊による経済の停滞期に入り、二〇〇七年までエネルギー供給量は横ばいとなる。二〇〇七年のエネルギー供給量二二・九六ＥＪの構成を昭和四十八年と比較すると、石油の割合が減少し、石炭、天然ガス、新エネルギー・地熱等の割合が増加している。また、この間、製造業のエネルギー消費は六・四三ＥＪから七・一五ＥＪと一・一一倍の増加にとどまっている。省エネルギーの進展と国内産業の主力が鉄鋼、化学など、エネルギー消費の大きな素材産業から自動車、電機など、エネルギー消費の少ない加工組み立て産業に移行したことが主な要因と考えられている。

二〇〇八年以降、日本は人口の減少を背景に縮小社会に突入した。日本の人口が一億二八〇八万人（二〇〇八年）をピークに減少を始めたのだ。同じようにエネルギー供給量も減少を始め、二〇一六年には一九・八四ＥＪにまで減少している。ちなみに、この値は世界の三・六パーセントに相当する。人口とエネルギー供給量がまるで時を合わせたように減少し始めたが、エネルギー供給量が減少したのは京都議定書の第一約束期間に入ったためである。ビルや住宅の断熱化が進み、エネルギー消費の少ない電気や石油・ガス機器が普及するなど、エネルギー利用の効率化が社会全体で進んでいるのだ。

自然との関わりも大きく変化した。海外に追い付き追い越せと環境への配慮よりも経済性や効率性を優先させた昭和三十年代まで、日本は、水俣病やイタイイタイ病、四日市喘息などの公害病をはじめ、数々の環境汚染とそれによる健康被害を経験した。その多くは工場からの排水や排煙が原因だった。高度経済成長期に入り都市への人口集中が進むと、都市近郊の河川や内海の水質汚濁が進み、富栄養化による赤潮の発生、車から排出される窒素酸化物や硫黄酸化物によるスモッグや光化学スモッグの被害が発生した。

一九八三年、都市ごみ焼却施設の煤塵と焼却灰から残留性有機汚染物質（ＰＯＰｓ）の一種であるダイオキシン類が発見されたのをきっかけに、エネルギーと自然との関係はＰＯＰｓの時代に入る。ダイオキシン類はごく微量でも生体に入ると排出されにくいため体内に蓄積し、暴露され続けるとやがて肝機能障害や癌を発症する。また、催奇形性があり、一九六〇年代、ベトナム戦争に使用された枯葉剤による奇形の発生が知られている。枯葉剤の主成分の一つである2、4、5－T（2、4、5－トリクロロフェノキシ酢酸）の製造過程で副生成するダイオキシン類の一種2、3、7、8－テトラクロロジベンゾ－*P*－ジオチシンが原因とされている。日本で治療を受けた結合双生児「ベト」と「ドク」兄弟を覚えている人も多いのではないだろうか。日本では食用油の中にポリ塩化ビフェニル（ＰＣＢ）が混入したカネミ油症事件がある。一九九〇年には製紙工場の排水から、一九九七年にはアルミ加工工場の排水路汚泥からもダイオキシン類が検出され、都市ごみ焼却施設や産業施設から非意図的に排出されるダイオキシン類の削減対策が進められた。一九九九年にはダイオキシン類対策特別措置法が制定され、大気、水質、土壌の汚染に対する環境基準が定められた。二〇〇一年、環境中で分解されにくく残留性の高い化学物質による地球規模での汚染を防止するため、「残留性有機汚染物質に関するストックホルム条約（ＰＯＰｓ条約）」が採択され、日本は翌年締結している。

二〇〇五年に京都議定書が発効し、地球温暖化の時代に入る。日本は二酸化炭素の排出量を、第一約束期間（二〇〇八〜一二年）の平均で基準年（一九九〇年）の六パーセントを削減する義務を負っていた。基準年の二酸化炭素排出量一二億六一〇〇万トンに対し、第一約束期間の平均値は一二億七六〇〇万トンであったが、森林吸収量とＣＤＭ（クリーン・ディベロップメント・メカニズム）など、京都メカニズムを活用し、六パーセントの削減目標を達成した。ちなみに、二〇一六年の排出量は一三億七〇〇〇万トン、世界の排出量三二一億トンの四パーセントに相当する。

地球温暖化によって、日本の生態系も影響を受けている。二〇一六年、奄美群島から八重山諸島にかけての広い海域において、夏季の高水温が主な原因と考えられる大規模なサンゴの白化現象が発生した。白化はサンゴと共生している褐虫藻が海水温の上昇で生息できなくなり、サンゴを離れてしまう現象で、気候変動が現実に起きていることを端的に示している。

人間の活動によって生息環境が悪化し、絶滅の危機にある動植物も少なくない。絶滅危惧種に指定されているのは、エゾヒグマ、ヤンバルクイナ、コウノトリ、オオタカ、アオウミガメ、イトウ、タガメ、ヒメサユリなど三五〇〇種を超えている。

2　食料生産と水問題

食料の生産、とくに農作物の生産は自然と関わりが深い。日本は食料の多くを海外に依存している。日本の食料自給率は二〇一六年でカロリーベース三八パーセントだ。重量だと年間約五二〇〇万トンの食料を輸入している。国内生産量は約五五〇〇万トンだ。自給できているのは主食用の米だけで、コムギは八七パーセント、ダイズは九三パーセントが輸入である。日本は輸入する食料を通して生産国の自然と関わりを持っている。とくに水である。

地球は水の豊かな星である。全体で一四億立方キロメートルの水がある。だが、地球上で農業に利用できる水は意外と少ない。水の九六・五パーセントは海水で、淡水は二・五パーセントにすぎない。ただし、その大部分は氷河や地下水であり、人が直接利用できる湖沼水や河川水は〇・〇〇八パーセント、一〇万五〇〇〇立方キロメートルしかない。井戸水などとして利用できる地下水は一〇五三万立方キロメートル、〇・七六パーセントだ。

地表や海から蒸発した水蒸気は降水となって陸地や海に降ってくる。その量は年に約四九万立方キロメートル、そのうち陸地に降るのは、国連食糧農業機関（ＦＡＯ）の資料（二〇一七年）によると一四万二六三八立方キロメートルである。これが世界の水資源の源泉である。世界の水賦存量は五万四七四一立方キロメートルで、このうち、現在、人類が利用しているのは三九八三立方キロメートルであり、世界の水賦存量のわずか七パーセントにすぎない。世界全体でみると地球にはまだまだ十分な水資源があるといえる。

しかし、水資源は世界に遍在している。国連世界水アセスメント計画（ＷＷＡＰ）が二〇一四年に発表した「世界水発展報告書二〇一四」によれば、世界の一人当たりの利用可能な水資源量は平均、年に六一〇〇立方メートルであるが、南アメリカやオセアニアでは一人当たり三万立方メートルを超えているのに対し、北アフリカや西アジアでは一人当たり約二八〇立方メートル以下しかない。今後人口の増加に伴い、二〇五〇年までに一人当たりの水資源量は二〇一〇年の四分の三まで減少すると予想されている。

農業と水とは切っても切れない関係だ。水がなければ植物は育たない。現在、世界では全使用量の六八パーセントにあたる二七〇三立方キロメートルの農業用水が使われている。増える人口を養うためには食料を増産する必要がある。一九六〇年から二〇一六年までの五七年間に、世界の人口は約二・五倍に増加し、穀物生産量は二・九倍に増加している。それに伴い農業用水の使用量も二・四倍に増えている。しかし、この間、耕作面積は一四〇〇万平方キロメートルでほとんど増えていない。アジア、アフリカ、南アメリカでは耕作面積が増加しているが、他の地域では減少し、ほぼ横ばいとなっているのだ。穀物生産量が増えているのは化学肥料、灌漑設備、農薬など、エネルギーを大量に投入したことと品種改良の成果である。耕作面積が横ばいなのは休耕地が多いためである。つくっても売れ残るからつくらないのだ。世界の休耕地面積は三万平方キロメートル以上あるといわれている。とくに、アメリカと南アメリカに膨大な生産余力がある一方で、人口の増加が著しい西アジアで水資源が少なく農業生産が追い付かない現状である。

バーチャルウォーター（仮想水）という言葉がある。穀物を生産するには水が必要である。肉を生産するにも家畜に飼料を食べさせ、水を飲ませなければならず、その飼料の生産にも水がいる。農畜産物一キログラムを生産するのに必要な水の量は、米で三・六トン、コムギで二・〇トン、牛肉で二〇・七トンだ。それを仮想水と呼んでいる。これらの食料を外国から輸入するとその生産に使われた水をも間接的に輸入していることになる。水問題が世界的に取り上げられるなかで仮想水の移動は潜在的な問題をはらんでいるとして注目されるようになった。

日本の場合、食料の輸入に伴い六四〇億トンの仮想水が一緒に輸入されている。日本の水使用量は二〇一七年に年間八一五億トン。そのうち農業用水が五四四億トンだ。日本は国内で使われている水とほぼ同じ量の水を外国に依存していることになる。

食料の輸入で外国の自然に依存しているのは水だけではない。植物は成長する時に水に溶けている窒素、リン、カリウムを体内に固定する。とくに、リンは希少資源である。穀物の生産によって土地のリンが不足するのだ。肥料によって補給されているにせよ、穀物を輸入するということはこれらの物質も一緒に運んでいることになり、日本には窒素、リン、カリウムがどんどん蓄積されることになる。水溶性のため下水などを通じて河川や湖沼、海に流れ込むと富栄養化で植物プランクトンが大増殖し、赤潮などの原因となる。

農業生産に地下水が使われている地域がある。アメリカのロッキー山脈の東側に存在するオガララ帯水層の地下水を利用した農業が有名である。オガララ帯水層の地下水を利用しているのはサウスダコタ、ネブラスカ、ワイオミング、コロラド、カンザス、オクラホマ、ニューメキシコ、テキサスの八州で約五万二〇〇〇平方キロメートルとされ、全米の穀物の約一五パーセントを生産している。日本もコムギやダイズ、トウモロコシを輸入している。この地下水は今世紀半ばには枯渇するといわれており問題になっている。その他、地盤沈下の問題も発生している。

地下水を用いた大規模な農業生産は、インド、パキスタン、スペイン南部、イタリアでも行われている。

サウジアラビアでは農業生産で地下水が枯渇した。石油生産による所得の向上で穀物消費量が増加し、一九八〇年代半ばには一人当たりの穀物消費量が年に七〇〇キログラムを超え、欧米並みになった。国内の食料需要をまかなうため、また、食料の安全保障確保のため、一九七〇年代から地下水の汲み上げ設備を整備し、穀物の増産を行った結果、一九八五年には穀物生産量が年に二〇〇〇万トンを超え、一九九〇年には四〇〇〇万トンにまで増加した。小麦の生産については、一九八三年に国内自給率一〇〇パーセントを達成し、一九八〇年代後半には年に最大二〇〇〇万トンの小麦を輸出するまでになっている。しかし、砂漠質の国土は小麦一トンを生産するのに水約一〇〇〇トンを必要とするといわれ、再生可能な水資源の八倍以上を投入する厳しい条件下での経済性を無視した穀物生産は長つづきせず、現在は、国内消費量年約一五〇〇万トンの九割以上を輸入にたよっている。

水資源は地球上に遍在していることが大きな問題なのだ。地球上で作物を生産できる土地は限られている。陸地の半分は乾燥地帯で、約四割は砂漠化の影響を受けやすい土地である。サウジアラビアや西アジアのように水資源が少なく人口が急増している地域で無理に農業生産をあげようとすると新たな環境問題が発生する。このまま世界の人口が増え続ければ、やがて食料が足りなくなるだろう。大量の農作物を輸入している日本もその影響を受けずにはいられない。海外から食べ物を買えなくなれば国内でつくるしかないのだ。過疎化や高齢化で耕作しなくなった土地を再び耕し、作物を生産しなければならなくなるかもしれない。

3　ごみと環境問題

ものは、その生産段階から、使用、廃棄に至る一連の過程の中で自然と関わりを持っており、さまざまな物質を環境中に放出している（図11）。環境中に放出された物質は地球全体に拡散し、プランクトンや魚の中に取り込まれ、食物連鎖の過程を通してより上位の生物に濃縮される。

日本では、ものの製作に使用する天然資源の五五・五パーセント（二〇一五年度）を輸入し、つくったもののうち重量で二七・〇パーセントを輸出している（図12）。日本は資源や製品の輸出入を通して海外の国の自然とも関わりを持っている。

大量生産・大量消費の経済活動は大量のごみを生み出している。日本での二〇一六年度の一般廃棄物、いわゆる都市ごみの量は四三一七万トンだった。一人当たり年間三四〇キログラムのごみを出している。その他に産業廃棄物が三億九一一九万トンある。都市ごみの排出量は二〇〇〇年度の五四八三万トンをピークに年々減り続けている。しかし、世界全体でみると都市ごみの量は増えている。ＯＥＣＤの集計によると、ＯＥＣＤ加盟三五カ国が出す都市ごみの総量は、二〇〇〇年は六億四二六九万トンだったのが二〇一六年は六億七三二〇万トンと微増だが、中国、ロシアなどＯＥＣＤに加盟していない経済発展国の増加が著しい。中国の都市ごみの量は二〇〇〇年の一億一八一九万トンから二〇一二年の一億七〇八一万トン、ロシアは五一八三万トンから八〇五六万トンに増えている。世界全体では二〇一〇年には一八億四〇〇〇万トンと推定され、今後、経済発展が続けば、二〇五〇年に三〇億九〇〇〇万トンに達すると予想されており、とくに、中国、インド、パキスタン、フィリピン、インドネシア、サウジアラ

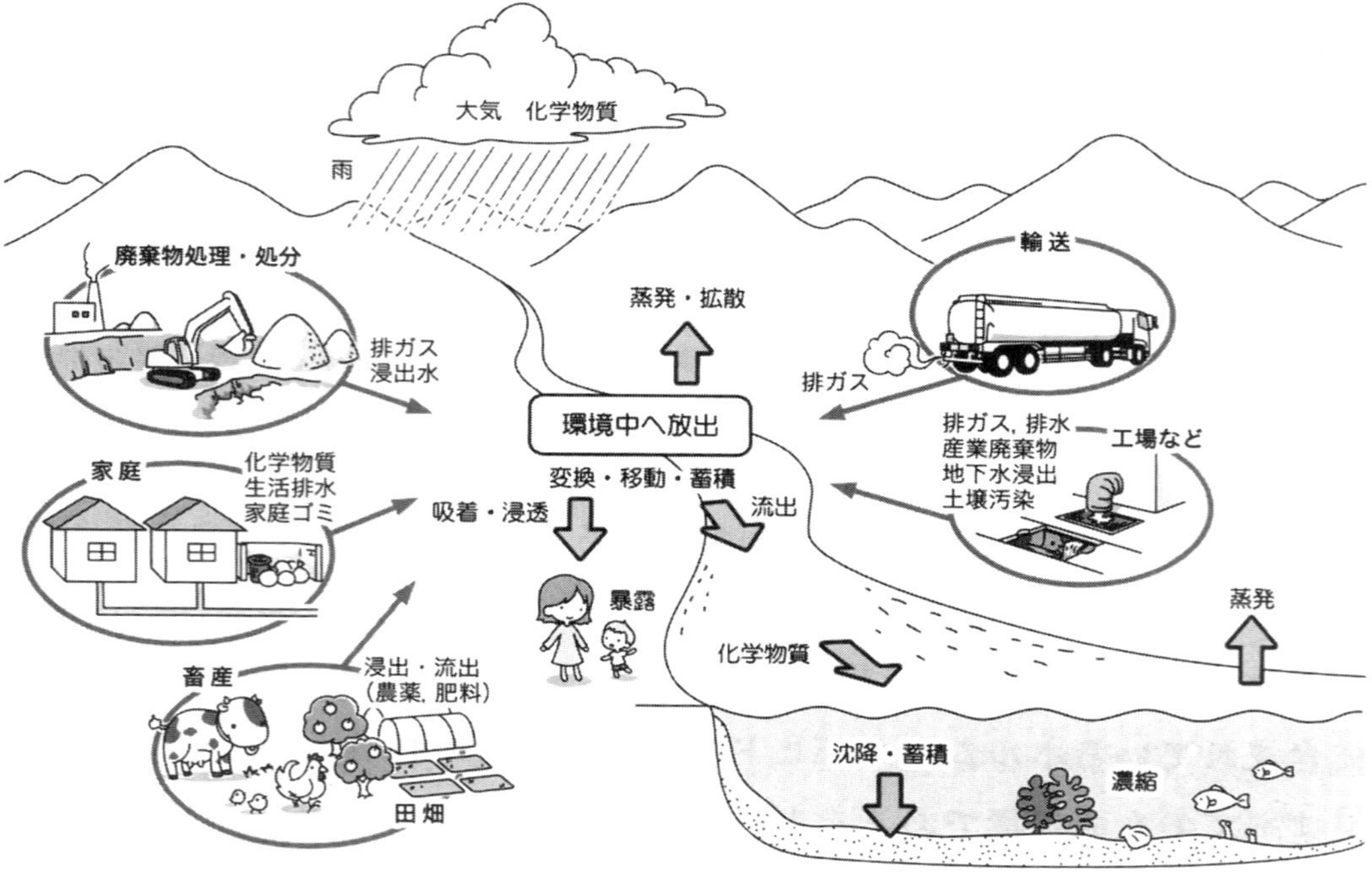

図11　環境中へ放出される物質の発生源とその動態
(西野順也、『やさしい環境問題読本』、東京図書出版、2015)

ビア、イラン、イラク、ヨルダンなどのアジア・中東地域とエジプト、チュニジア、ガーナ、スーダンなどのアフリカ地域の増加が著しい。

食べ物も大量に捨てられている。日本で賞味期限切れなどでまだ食べられるのに捨てられている食品は二〇一五年度六四六万トンだった。そのうち、二八九万トンは一般家庭からの排出である。食品廃棄物全体だと二六四五万トンだ。世界全体だと一三億トンの食料が捨てられているといわれている。

都市で発生したごみの収集や処理は国によって大きな差がある。日本では、都市ごみは全量が収集され処理されている。日本以外のアメリカやイギリス、フランスなどの先進国でも発生した都市ごみは九八パーセントが収集され、何らかの処理がされている。しかし、経済発展が著しい南アジアの地域の都市ごみ収集率は六五パーセント、アフリカ地域は四六パーセントにすぎない。残りは街中に勝手に投棄されたり、川や海などに流されたりしている。ごみ問題に対する意識が低い点もあるが、財政基盤の脆弱な途上国でごみの収集・処理の費用を負担するのは容易ではない。ごみ処理にはお金がかかるのだ。日本で二〇一六年度にかかった一般廃棄物の処理費用は一兆九六〇六億円、一人当たり一万五三〇〇円だ。この費用は各自治体が負担している。ごみの収集運搬だけでも二三三四億円かかっている。

処分場の問題も重要だ。日本では、都市ごみの七六・三パーセントを焼却している。ごみの中の有機物は燃えて二酸化炭素になり大気中に放出されるため、ごみ自体は一〇分の一以下に減量される。焼却後の残渣は埋め立て処分している。処分量は三九八万トン（二〇一六年度）で発生量の八パーセント、処分場の残余年数は二〇・五年ある。しかし、日本のような処理、処分の方法をとっている国は少なく、最も一般的な処分方法は埋め立て処分である。とくに、先進国以外の国では、覆土のみの衛生埋立処分、

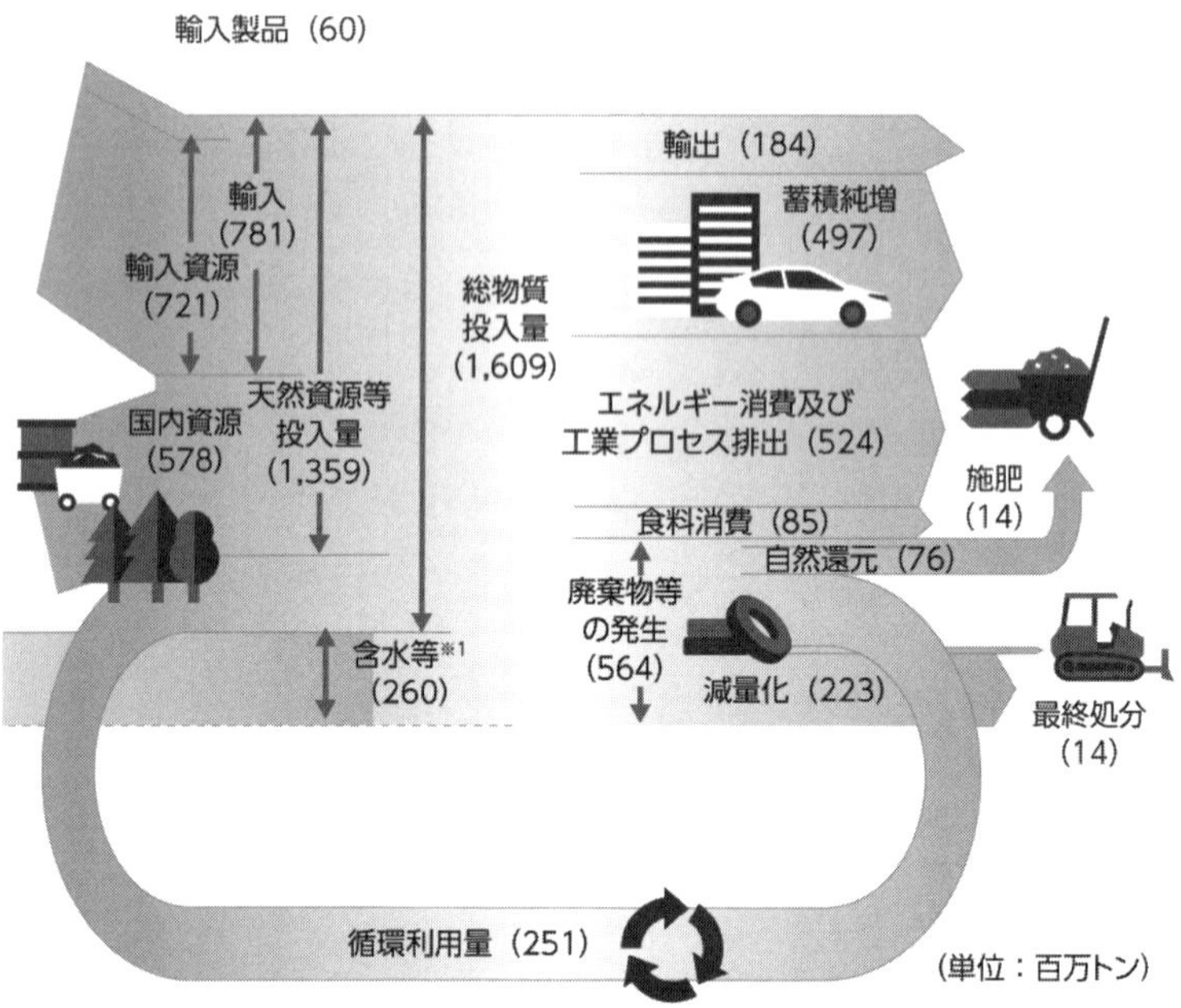

（※ 1）含水等：廃棄物等の含水等（汚泥、家畜ふん尿、し尿、廃酸、廃アルカリ）及び経済活動に伴う土砂等の随伴投入（鉱業、建設業、上水道業の汚泥及び鉱業の鉱さい）

図 12　日本の物質フロー（2015 年）
（環境・循環型社会・生物多様性白書、平成 30 年度版、環境省、2018）

あるいは、ただ埋め立てただけの開放投棄（オープンダンピング）がほとんどである。とくに、途上国では開放投棄が多い。開放投棄は、ごみの飛散だけでなく、水や土壌の汚染、臭気、ハエやカの繁殖、埋め立てたごみが土の下で発酵して温度が上がり火災が発生するなど、環境面、衛生面で問題が多い。日本で生産された製品は途上国にも輸出されている。それらの製品は使用された後、ずさんに処分され、その国の自然や人の健康に影響を与えているのだ。

ずさんなごみの処分は日本にも影響を与えている。ごみは燃えるとPOPsの一種である有毒なダイオキシン類が発生する。ダイオキシン類は環境中で分解されにくく、生物などの体内に蓄積されやすい性質を持っている。POPsは環境中に放出されると、気流や海流に乗って地球全体に拡散する。東アジアや東南アジアで発生したPOPsは偏西風や日本海流に乗って日本や日本の近海に到達し、生物濃縮によって、より上位の魚や鳥、獣の体内に濃縮されるのだ。

環境化学者の立川涼は、環境中に放出されたPOPsが海に吸収され、食物連鎖を経て哺乳動物にどの程度濃縮されているのかについて、西部太平洋の生物中のPCB（ポリ塩化ビフェニル）、DDT（ジクロロジフェニルトリクロロエタン）、BHC（ベンゼンヘキサクロリド）の濃度を調査している。これらの濃度はいずれも、海の表層水、動物プランクトン、ハダカイワシ、スルメイカ、スジイルカの順に高くなり、スジイルカの濃度は表層水の三六万〜三七〇〇万倍に濃縮されていた。

ごみも輸出されている。廃家電、廃パソコン、廃プラスチック、古紙、鉄スクラップなどが主にアジア諸国に輸出されている。循環資源貿易と呼ばれている。国境を越えた廃棄物の移動は廃棄物処理法や有害物の越境移動を規制するバーゼル条約によって厳しく制限されている。輸出先の国でもそれぞれの法律で廃棄物の輸入は規制されている。しかし、需要のあるところにはものの流れが生じるのだ。日本では、容器包装リサイクル法、家電リサイクル法、小型家電リサイクル法などのリサイクル法が施行され、廃プラスチックやいらなくなったテレビ、冷蔵庫、エアコン、パソコンなどは分別回収され、再資源化されている。しかし、テレビやパソコンなどの電化製品の中にはまだ使えるものがある。これらの家電製品は中古品として途上国で需要があるのだ。例えば、家電リサイクル法における対象四品目、テレビ、エアコン、冷蔵庫、洗濯機は二〇一五年度に一六三九万台が廃棄され、回収されているが、一〇四万台が中古品として海外に輸出されている。輸出先は、中国、香港、台湾、韓国、マレーシア、インドネシアなどのアジア諸国である。パソコンも同様である。二〇一四年に一二八七万台が廃棄され、そのうち二一五万台が中古品として輸出されている。その他、動かないものも、廃家電一五五万台、廃パソコン三〇八万台がスクラップとして輸出されている。その中には違法に輸出されているものもある。さらに、スクラップとして輸出されているものは、配線や基盤からの金属の回収を目的としたものが多い。鉱石から金属を製錬するよりも、含有率が高く効率がよいのだ。しかし、金属を回収する工場の中には十分な設備がなく、排気や排水の処理も不十分なまま環境中に放出されている場合があり、土壌や河川を汚染し、健康被害も発生している。

これらの汚染は他岸の火事ではない。日本に毎年黄砂が飛んでくるように、環境中に放出された汚染物質も偏西風に乗って、日本に飛んでくる。河川の汚染物質はやがて海に流れ込み、海流に乗って日本近海にやってくるのだ。日本海沿岸には大陸からと思われるものが数多く漂着している。

廃プラスチックも海外に輸出されている。国内の廃プラスチック量九二六万トン（二〇一四年）のうち一六七万トンが中国、香港、台湾、韓国、ベトナム、マレーシアなど一二カ国に輸出されている。輸出品は工場ロスなどの単一素材品が四割であとは使用済み品である。使用済み品でもPET由来とポリスチレン由来の廃プラスチックが中心で、単一素材品が輸出品全体の三分の二を占めている。これらの輸出品はそれぞれの国で再生資源として新品の三割程度の価格で取引され、文房具、額縁、ぬいぐるみの中綿、衣類などの製品に加工される。それらは日本にも輸出されている。使用済みの混合プラスチックもそのまま輸出され、再生資源として利用されている。国内で選別するよりも輸出先で選別した方が費用が安いからだ。しかし、使用済みの混合プラスチックを選別すれば再資源化できない残渣が発生する。これがそのまま土壌や河川に投棄され環境汚染を引き起こしている。中国は日本の最大の輸出相手国だが、平成三十年三月から環境汚染を理由に廃プラスチックの輸入を禁止した。

廃プラスチックや廃家電、廃パソコンを海外に輸出しているのは日本だけではない。アメリカ、EU諸国もアジアやアフリカ諸国に輸出している。アジアやアフリカが先進国のごみ捨て場になっているのだ。EUは自国内の埋め立て処分場への持ち込み基準が厳しいため、それに適合させようとすると選別をしなければならず、その処理に費用がかかり割高になるため、輸出した方が安いのだ。

マイクロプラスチックという言葉を最近よく耳にする。海に違法に投棄されたプラスチックが目に見えないほど細かくなり、海中に漂っているのだ。中国、インドネシア、フィリピンなどアジア各国の国々から海へ放出されたプラスチックが粉々になり、海流に乗って日本近海に流れてきている。これらのプラスチックは、海の中に溶け込んでいるPCBやDDT、ダイオキシン類などのPOPsを吸着しやすい性質を持っている。それらの有害物質を吸着したマイクロプラスチックが魚などの体内に入ると、有害物質が溶け出して脂肪や肝臓に蓄積される。さらに、食物連鎖によってその魚を食べる鳥や人間などに濃縮される。そうした魚などを食べ続けると、腫瘍や肝機能障害を発症する恐れがあるとして、環境省を中心に日本近海の海水を採取し調査が行われている。海外に輸出した日本の製品がまわりまわって日本人の健康を脅かしている。

終章

日本は過去一万年の間に栄枯盛衰の四つの大きな波があった。その過程の中で人と自然との関わりも変化してきた。

一つ目の波は、洪積世が終わり、気候が温暖化した一万年前に始まる縄文時代である。土器を使用した煮炊きにより木の実や根茎類など食料となる対象物が拡大したことがきっかけとなり定住生活を始めた。自然と共生した暮らしは特有の自然観や価値観を育み、精神性豊かな縄文文化を築いた。六千年前に最盛期に達し、その後、気候が寒冷化したため衰退し、農耕への調整期間に入っていった。

二つ目は、大陸からの稲作の伝来によって始まる農耕とその普及の時代である。およそ一千年の混乱期を経て国家が成立した。仏教をはじめ中国の文化や社会制度を取り入れた律令社会が十世紀頃まで続いた。都宮や神社仏閣の建設に大量の木材が伐り出され、畿内の森林が荒廃した。平安時代中期に起こった温暖化と乾燥化は旱魃を招き荒廃田が増え律令制の崩壊につながり、武家社会へと移行していった。

三つ目は、貨幣経済の発達と封建社会の枠組みができる十四・十五世紀に始まり江戸時代中期まで続いた。今の日本文化の基礎が築かれた時代である。農耕技術と道具の発達により、十八世紀中頃に当時の自給自足の生活が許容し得る最大限の人口に達した。築城や都市の建設に日本中の森林が伐採され、荒廃が進み、土壌の流出や河川の氾濫などの影響が顕在化した。森林の伐採が制限されたが、それだけでは増加する需要をまかなうだけの森林生産を回復できず、人工造林と森林管理の新たな段階へ進んだ時代である。その後は飢饉が発生したこともあって社会は停滞し、第四の波への調整期間に入っていった。十九世紀に入ると外国からの圧力によって扉が開かれ封建社会は終焉を迎える。

四つ目は、明治維新に始まる西洋の文化、技術を取り入れた工業化の時代である。勃興する産業と増える人口は大量の木材を必要とし、再び森林が伐採された。同時に、工場から排出される煙や汚水によって自然が破壊される公害が発生した時代である。全世界からものが輸出入され、ものの動きを通して世界中の自然と関わりを持つようになった時代でもある。

幾度もの森林の収奪があったにもかかわらず、日本は森林が多く緑の豊かな国である。温暖で湿潤な気候が緑豊かな自然を育んだのだ。同時に、日本は災害の多い国である。台風や地震、津波など、自然は時として猛威を振るい、人々が営々と積み上げてきたものを一瞬にして無にしてしまう。日本人の精神生活の根底には天然の無常観がある。その豊かだが不安定な自然に適応する数千年来の努力が意識的、無意識的に積み重ねられ、結果として自然に対する観察の精緻さと敏捷性、自然の驚異と神秘の奥深さに対する感覚を磨きあげてきた。そして、それは日本人特有の精霊信仰的な自然観を育んだのだ。自然から語りかけてくる声を聴こうとする感覚が日本人にはある。風の吹く音一つにしても、そよそよ、さやさや、びゅうびゅう、ごうごう、などいろいろな表現がある。オノマトペと呼ばれ、その数は他の言語に比べて群を抜いて多い。日本人は自然の営みに対する表現が豊かなのだ。これは日本語の特徴の一つでもある。縄文時代から培ってきた自然との交感やその思考を受け継いでいるのだ。それは、言葉だけでなく、各地の年中行事や祭り、通過儀礼など、日本の伝統的な文化や習俗の中に今でも見出すことができる。

しかし、明治時代以降、西欧の科学技術を取り入れ工業化の道を邁進してきた。同時に、技術とともに西洋的なものの考え方、価値観が私たちの中に浸透していった。とくに、第二次世界大戦後はアメリカの大量生産・大量消費の経済活動の影響を大きく受けてきた。周りにはものがあふれ私たちの物質的欲求を刺激し、それを満たすことが幸福感につながっている。若者は仕事を求めて都会に集まり、老人だけが残された農村では過疎化が進んでいる。農村に受け継がれてきた伝統的な習慣や風習は今や消滅の危機にすらある。

同時に、日本はこれから人口減少社会を迎える。「日本の将来推計人口」（国立社会保障・人口問題研究所、二〇一七年）によると、出生率および死亡率がともに中位で推移した場合、日本の人口は一〇〇八年の一億二八〇八万人をピークに減少し、二〇六〇年には九二八四万人にまで減少し、二一〇〇年には六〇〇〇万人を切ると予想されている。まるで坂道を転げ落ちるような急激な人口減少は、生産年齢人口の減少という社会経済への影響だけでなく、人と自然との関わりにも影響を及ぼす。自然が現在の姿を保ってきたのは祖先が絶え間なく自然に働きかけてきた結果である。山に木を植え、河川に堤防を築き、川底にたまった土砂を取り除き、里地や里山を整備し、人間の生活圏を確保してきたのだ。そのような不断の働きかけが途絶えてしまえば、自然の猛威に真面にさらされ、人間は生活圏を失ってしまう。

明治維新以来、西洋的な生活習慣や思考に慣らされ、そして戦後の大量生産・大量消費の経済活動の影響を受けた日本は、その社会構造が大きく変化し、日本人が受け継いできた自然やもの、生き方に対する考えを変えつつある。自然との関係では、人を中心に周りの自然をとらえる考え方が浸透している。「環境」という言葉がまさにそれである。「環境」は辞書によると、「周りにあるもの」「周りをとりまくもの」という意味のとおり、その中心には暗黙のうちに人間が据えられている。「自然は人のためにある」という曲解から自然破壊を進め、数々の公害を経験した。今でも、私たちの生活を支えるために、毎日大量の資源が消費され、二酸化炭素をはじめ、大量の廃棄物が環境中に放出されていることを私たちは知っている。もはや、かつての日本人が周りの山や川、森、さらにそこに植生している植物や動物、すべてのものに心を通わせてきた共生という意識はない。しかし、折に触れて風や水の音に耳を傾ける時、あるいは盆栽に触れたり俳句を詠んだりする時、私たちは心の奥底にある縄文人の痕跡に触れ、自らのアイデンティティーを再確認し安心感を得ているように思う。

宗教学者の山折哲雄は、日本文化には三つの大きな層が重層的に畳み込まれているとして、次のように述べている。日本文化の最も深層に流れているのは日本の風土が育んだ感性、つまり縄文人から受け継がれた信仰や万葉集の中にみられるものの考え方、感じ方がある。そして、万葉集の時代を起点として重層化し始め、その上には、農耕稲作社会の観念や世界観が、最上層には明治時代以降の近代化によって生じた近代文明の観念やものの考え方が積み重なっている。「日常的には一番上層の近代的な意識のなかで生きているわけですけれども、実際には中層の稲作農耕社会の意識も、深層のより古代的な意識も、われわれのなかに残存している」(『日本のこころ、日本人のこころ』日本放送出版協会)。

世界に目を転じてみると、大量生産・大量消費の経済活動は全世界を巻き込み人口の増加を伴いながら拡大し続けている。世界の総生産は七七兆ドル、貿易額は一五兆ドルを超えている。その経済活動には、古来、人類が資源として利用してきた、水、森林、土壌、水産物など、地球の再生可能な資源が、その再生能力を超えて投入されている。この結果、人類にとって生命維持の根幹である自然環境に明らかに変化が起きている。地球温暖化によって海水面が上昇し、砂漠化が進行するなどで居住や生活の場を失い移住を余儀なくされた環境難民も発生している。人類の活動が地球という空間的な限界に突き当たっているのだ。

市場経済というこの巨大な怪物は世界を富める国と貧しい国に二極化し、全体の一パーセントに富が集中し、一〇パーセントの貧困層を生み出している。途上国の貧困層は自然資源に依存した生活をしている人が多く、自然環境の破壊が彼らの生活をさらに悪化させている。

止まることを知らない人類の活動によって地球の自然はどうなるのだろうか。日本では島国での自給自足の生活が飽和に達した江戸時代中期、それまでの収奪の森林経営から人工育成の森林経営へと移行した。再生を考慮しない収奪の社会はいずれ破綻するのが目に見えている。世界も同様に、資源の収奪の段階から新たな段階へと進むことができるだろうか。そこに必要なのは自然と対峙し、自然を開拓、破壊する農耕牧畜民の世界観ではなく、自然を残し自然と共生する狩猟採集民の世界観だといわれている。

現在は、産業革命に始まった工業化の波が終息し新たな段階に向けての調整期間とみることができる。

しかし、新たな波が起こり安定するまでには時間がかかる。日本でも、自然と共生した暮らしが稲作の伝来によって終焉を迎え、第二の波が始まった。そこから農耕を基盤とした国家が成立するまで一千年、応仁元年（一四六七）の応仁の乱を一つの転機とする第三の波は封建社会が成立するまでに百年かかっている。外国からの圧力によって始まった第四の波も、文化三年（一八〇六）のロシアの軍艦が樺太南部の松前藩の番所を襲撃した露寇事件を転機とすると明治維新まで六十年を擁したことになり、いずれの場合もその間混乱した世の中が続いた。その前の調整期間を入れるとさらに数百年かかっている。これから日本に、そして世界にどのような波が起こるのか、その姿はまだ見えていない。

今は忘れられようとしているが、日本人は長年、島国の閉ざされた空間の中で自給自足の生活を経験してきた。限られた空間の中で育まれた日本独自の生活様式や習俗、文化は、まさにこれからの世界が必要としているもので、祖先から受け継がれた貴重な財産である。

自然と共生する意識は私たちの心の奥底に日本人特有の自然観として確かに受け継がれている。これら日本人独自の経験と文化を人類の未来のためにどのように活かしていけるのかを改めて考える時が来ているように思う。

明治維新以来、日本人は西洋文化の恩恵を受けてきたが、男性的な自我意識の確立を強いられてきた。しかし、今は河合隼雄のいう「意志する女性」の行動力が問われている。

造一、エントロピー学会誌、71、p18-26、2011(9).
藤尾慎一郎、弥生鉄史観の見直し、国立歴史民俗博物館研究報告、185、p155-182、2014(2).
藤村健一、日本におけるキリスト教・仏教・神道の自然観の変遷　現代の環境問題との関連から、歴史地理学、52-5(252)、p1-23、2010(12).
プラスチック循環利用協会、2016 年　プラスチック製品の生産・廃棄・再資源化・処理処分の状況　マテリアルフロー図、プラスチック循環利用協会、2017.
プラスチック処理促進協会、平成 24 年度中小企業支援調査
海外プラスチックリサイクル実態調査報告書、経済産業省、2013.3.
前林清和、災害と日本人の精神性、現代社会研究、2(2016)、p61-75、2016.
松本秀雄、日本人は何処から来たか　血液型遺伝子から解く、日本放送出版協会、1992.
松本弘法、R.H. ブライスによる俳句の英訳：俳句と禅、翻訳研究への招待、15、p47-64、2016.
三浦佑之、風土記の世界、岩波新書、岩波書店、2016.
三村泰臣、王倩予、長江中流域三角地帯の民間祭祀、広島大学紀要研究編、42、p261-270、2008.
宮本常一、日本文化の形成、講談社学術文庫、講談社、2005.
森本和夫、正法眼蔵読解 4、山水経、ちくま学芸文庫、筑摩書房、2004.
矢崎節夫編解説、金子みすゞ童謡集、ハルキ文庫、角川春樹事務所、1998.
安田徳太郎、人間の歴史 6　火と性の祭典、光文社、1957.
柳田国男、定本柳田國男集、第十巻、筑摩書房、1962.
山折哲雄、日本のこころ、日本人のこころ、日本放送出版協会、2004.
山路興造、大江戸カルチャーブックス　江戸の庶民信仰　年中参詣・行事暦・流行神、青幻舎、2008.
山野井徹、日本の土　地質学が明かす黒土と縄文文化、築地書館、2015.
與謝野寛、正宗敦夫、與謝野晶子編纂、校訂、覆刻日本古典全集　懐風藻、凌雲集、文華秀麗集、經國集、本朝麗藻、現代思潮新社、2007.
吉川忠夫訓注、後漢書　第十冊　列伝八（巻七十五～巻八十）、岩波書店、2005.
吉野裕訳、風土記、平凡社ライブラリー、平凡社、2000.
陸薇薇、呉未未、「共生思想」の原型―日本的自然観の探求、愛知工業大学研究報告、46、平成 23 年、p13-17、2011(3).
李昌熙、韓半島における初期鉄器の年代と特質、国立歴史民俗博物館研究報告、185、p93-110、2014(2).
林野庁、平成二九年度森林及び林業の動向　平成二九年度森林・林業白書、林野庁、2018.6.
和田稜三、堅果食の地域的な類似性に関する文化地理学的研究、立命館地理学、22、p9-23、2010.
和辻哲郎、風土　人間学的考察、岩波文庫、岩波書店、1979.

寺田寅彦、千葉俊二・細川光洋選、寺田寅彦セレクションⅡ、講談社文芸文庫、講談社、2016.
東京書籍編集部、ビジュアルワイド　図説世界史、東京書籍、1997.
道元、石井恭二訳、現代文訳 正法眼蔵２　山水経・正法眼蔵４　辦道話、河出文庫、河出書房新社、2004.
道明由衣、木材の流通を支えた空間の歴史的変遷、法政大学大学院紀要、デザイン工学研究科編、5、2016(3)、http://hdl.handle.net/10114/12892.
東洋大学井上円了記念学術センター編、えっせんてぃあ選書５　江戸学入門　衣・食・医・ことば、すずさわ書店、1997.
中尾佐助、栽培植物と農耕の起源、岩波書店、1966.
中尾佐助、花と木の文化史、岩波新書　357、岩波書店、1986.
仲紘嗣、「心身一如」の由来を道元・栄西それぞれの出典と原典から探る、日本心療内科学会誌、51、p737-747、2011.
中村生雄、日本人の宗教と動物観　殺生と肉食、吉川弘文館、2010.
中村大介、燕鉄器の東方展開、埼玉大学紀要（教養学部）、48(1)、p169-190、2012.
中村禎里、日本人の動物観　変身譚の歴史、ビイングネットプレス、2006.
縄田康光、歴史的に見た日本の人口と家族、立法と調査、260、2006(10).
西野順也、火の科学　エネルギー・神・鉄から錬金術まで、築地書館、2017.
西野順也、やさしい環境問題読本、東京図書出版、2015.
根崎光男、江戸の下肥流通と屎尿観、法政大学学術機関リポジトリ　人間環境論集、http://hdl.handle.net/10114/5289　2008.11.30.
長谷川如是閑、八　日本文化と自然　日本的性格（p3-115）、近代日本思想体系　15、長谷川如是閑集、筑摩書房、p76-80、1976.
浜島書店編集部、新詳日本史、浜島書店、2003.
速水融、近世後期大坂菊屋町の人口と乳幼児死亡、千葉大学　経済研究、13(2)、p353-387、1998(12).
速水融、歴史人口学で見た日本、文春新書、文藝春秋、2001.
ハルオ・シラネ、衣笠正晃訳、芭蕉の風景　文化の記憶、角川書店、2001.
廣山堯道、雄山閣アーカイブス　歴史篇　塩の日本史、雄山閣、2016.
フィリップ・ポンス、神谷幹夫訳、江戸から東京へ―町人文化と庶民文化、筑摩書房、1992.
福島邦夫、社会変動と生活環境の変容―応用民俗学の試み、長崎大学教養部創立30周年記念論文集、p157-172、1995(3).
福田アジオ、内山大介、小林光一郎、鈴木英恵、萩谷良太、吉村風　編、図解案内　日本の民俗、吉川弘文館、2011.
福田アジオ、古家信平、上野和男、倉石忠彦、高桑守史　編、図説 日本民俗学、吉川弘文館、2009.
福留高明、“もったいない”文化のルーツを探る―先人たちの環境資源観とその論理構

p81-90、2014.
浄土宗総合研究所、仏教と自然、布教資料　第8集、1994.
白石浩之、縄文時代草創期における異文化接触の諸相　狩猟具の地域的様相、人間文化：愛知学院大学人間文化研究所紀要、18、p71-91、2003.
新谷尚紀、日本民俗学（伝承分析学・traditionology）からみる沖ノ島―日本古代の神祇祭祀の形成と展開、「宗像・沖ノ島と関連遺産群」研究報告Ⅱ-1、p97-126、2012.
須賀丈、岡本透、丑丸敦史、草地と日本人　日本列島草原1万年の旅、築地書館、2012.
杉浦日向子、一日江戸人、新潮文庫、新潮社、2005.
住斉、宇津巻竜也、伊藤繁、石浦正寛、針原伸二、日本各地の縄文系対弥生系人口比率と日本人成立過程、日本物理學會誌、64(12)、p901-909、2009.
諏訪春雄・川村湊編、アジア稲作文化と日本、雄山閣、1996.
諏訪春雄編、中国長江文明と日本・ベトナム、日中文化研究　別冊2、勉誠出版、1995.
関清、東アジアにおける日本列島の鉄生産、日文研叢書、42、p311-326、2008(12).
関根達人、澁谷悠子、墓標からみた江戸時代の人口変動、日本考古学、14(24)、p21-39、2007.
関稔、仏教における自然観、駒澤大学北海道教養部研究紀要、32、p1-14、1997.
総務省統計局、世界の統計2018、総務省統計局、2018.
竹田恒泰、現代語古事記、学研パブリッシング、2011.
竹村公太郎、日本史の謎は「地形」で解ける　環境・民族編／文明・文化編、PHP文庫、PHP研究所、2014.
橘敏夫、安政～慶応年間における三河吉田の米価変動、愛知大学綜合郷土研究所紀要、61、p51-59、2016.3.10.
立川涼、有機塩素化合物による汚染、水質汚濁研究、11(3)、p148-152(1988).
田中充子、古社叢の「聖地」の構造（1）　東関東の場合、京都精華大学紀要、37、p139-158、2010.
田中充子、古社叢の「聖地」の構造（2）　宇佐神宮の場合、京都精華大学紀要、38、p232-249、2011.
田中充子、古社叢の「聖地」の構造（3）　諏訪大社の場合、京都精華大学紀要、39、p118-136、2011.
田中充子、古社叢の「聖地」の構造（4）　大神神社の場合、京都精華大学紀要、40、p135-148、2012.
谷口研語編、歴史が教えるエコライフ　生活編、財団法人省エネルギーセンター、2001.
谷口研語編、歴史が教えるエコライフ　風土編、財団法人省エネルギーセンター、2002.
谷口貢、板橋春夫編、年中行事の民俗学、八千代出版、2017.
谷山一郎、浅川晋、奈良吉則、程為国、齋藤雅典、陽捷行、土壌と東西の神々、日本土壌肥料科学雑誌、87(2)、p147-152、2016
田畑久夫、照葉樹林文化論の背景とその展開（2）、兵庫地理、37、p28-42、1992(3).
勅使河原彰、ビジュアル版　縄文時代ガイドブック、新泉社、2013.

古泉弘編、事典・江戸の暮らしの考古学、吉川弘文館、2013.
国土交通省、平成29年版　日本の水資源の現況、国土交通省、2017.
国立社会保障・人口問題研究所、日本の将来推計人口　平成29年推計、人口問題研究資料第336号、2017.7.31、ISSN 1347-5428.
小島道一、アジアにおける循環資源貿易、アジア経済研究所、2005.
児玉健一郎、旧石器時代から縄文時代へ　南九州の場合、第四紀研究、40(6)、p499-507、2001.
小林達雄、縄文の思考、ちくま新書、筑摩書房、2008.
小山修三、縄文学への道、NHKブックス、日本放送出版協会、1996.
コンラッド・タットマン、熊崎実訳、日本人はどのように森をつくってきたのか、築地書館、1998.
西郷信綱、古事記注釈　第三巻・第五巻、ちくま学芸文庫、筑摩書房、2005.
斎藤正二、日本的自然観の研究　上・下巻、八坂書房、1978.
齋藤玲子、渡部裕、アイヌ社会とサケ、国立民族学博物館学術情報リポジトリ、p37-44、1998/3/31.
坂本太郎、家永三郎、井上光貞、大野晋校注、日本書紀　二、岩波文庫、岩波書店、1994.
佐々木創、国境を越えるパソコンのリユース・リサイクル―タイの事例からの一考察、季刊　政策・経営研究、2007、vol.4、p115-126、2007.
佐々木高明、照葉樹林帯の食物文化、調理科学、27(3)、p197-203、1994.
佐々木高明、縄文文化と日本人　日本基層文化の形成と継承、講談社学術文庫、講談社、2001.
サミュエル・ハンチントン、鈴木主税訳、文明の衝突、集英社、1998.
サミュエル・ハンチントン、鈴木主税訳、文明の衝突と21世紀の日本、集英社新書、集英社、2000.
佐村隆英、日本人の霊魂観、印度學佛教學研究、40(2)、p823-825、1992(3).
産業環境管理協会、リサイクルデータブック　2016、産業環境管理協会　資源・リサイクル促進センター、2016.
シーア・コルボーン、ジョン・ピーターソン・マイヤーズ、ダイアン・ダマノスキ、長尾力訳、奪われし未来、翔泳社、1997.
塩崎美保、石井智美、アイヌ民族が伝承するオオウバユリとその保存食品の栄養成分、榮養學雑誌、62(5)、p303-306、2004.
資源エネルギー庁、平成29年度　エネルギーに関する年次報告、経済産業省　資源エネルギー庁、平成30年6月
清水幾太郎、日本人の自然観、清水幾太郎著作集　11、講談社、p177-232、1993.
周達生、中国の高床式住居　その分布・儀礼に関する研究ノート、国立民族学博物館研究報告、11(4)、p901-978、1987(3).
東海林克也、日本における自然についての小考、21世紀社会デザイン研究、No.13、

文化研究所、2011.
大山眞一、平安貴族と民衆の死生観―摂関期の浄土信仰をめぐって、日本大学大学院総合社会情報研究科紀要、11、p91-103、2010.
岡村道雄、日本列島の南と北での縄文文化の成立、第四紀研究、36(5)、p319-328、1997.
オギュスタン・ベルク、篠田勝英訳、風土の日本、筑摩書房、1988.
奥村英司、不可視の桜―平安文学の想像力、鶴見大学紀要、第1部、日本語・日本文学編、49、p21-23、2012.3.
小澤俊夫、昔話のコスモロジー―ひとと動物との婚姻譚、講談社学術文庫、講談社、1994.
嘉田由紀子編、水をめぐる人と自然　日本と世界の現場から、有斐閣選書、有斐閣、2003.
片桐洋一校注、新日本古典文学大系、後撰和歌集、岩波書店、1990.
加藤松雄、マンダラと「自己」、名古屋造形芸術大学名古屋造形芸術大学短期大学部紀要、10、(116)-(93)、p161-184　2004/3/31.
樺山紘一、長江文明と日本、福武書店、1987.
上垣外憲一、仏典のレトリックと和歌の自然観、日本研究、(7)、p55-69、1992.09.
茅陽一編、東京大学教養講座7　エネルギーと人間、東京大学出版会、1983.
河合敦、歴史群像シリーズ　図解・江戸の暮らし事典、学研プラス、2007.
河合隼雄、河合隼雄著作集5　昔話の世界、岩波書店、1994.
河合隼雄、昔話と日本人の心、岩波現代文庫、岩波書店、2002.
川島博之、世界の食料生産とバイオマスエネルギー　2050年の展望、東京大学出版会、2008.
川幡穂高、縄文時代の環境　その1　縄文人の生活と気候変動、地質ニュース、659、2009(7).
環境省環境再生・資源循環局廃棄物適正処理推進課、一般廃棄物の排出及び処理状況等（平成28年度）について、環境省、2018.3.27.
環境省、環境統計集、環境省、2017.
環境省、平成30年版　環境白書・循環型社会白書・生物多様性白書、環境省、2018.
菅野俊輔監修、図説　世界があっと驚く　江戸の元祖エコ生活、青春出版社、2008.
鬼頭宏、人口から読む日本の歴史、講談社学術文庫、講談社、2000.
久馬一剛、農業に於ける下肥（ナイトソイル）の利用、肥料科学、35、p75-108、2013.
久保田展弘、原日本の精神風土、NTT出版、2008.
久保田展弘、日本多神教の風土、PHP新書、PHP研究所、1997.
車政弘、中国雲南省地床式住居の食事空間と食卓、デザイン学研究、48(5)、p9-18、2002.
黒川忠広、南九州縄文時代早期前葉の先駆性について、第四紀研究、41(4)、p331-344、2002.

参考文献

※著者名50音順に掲載

AQUASTAT、Total renewable water resources、国連食糧農業機関（FAO）、2017.6.

Daniel Hoornweg、Perinaz Bhada-Tata、What A Waste — A Global Review of Solid Waste Management、World Bank、2012.

FAO、世界森林資源評価（FRA）2015、FAO、2015.

IPPC、第4次報告書　第2作業部会　第3章　淡水資源とその管理、IPPC、2007.

NPO法人環境文明21、持続可能な社会形成に役立つ日本の伝統的知恵の発掘とその国際貢献のための研究第一次報告書、三井物産環境基金2005年度助成研究、2007(1).

NPO法人三内丸山縄文発信の会編　高田和徳監修、Theじょうもん検定公式テキストBOOK、NPO法人三内丸山縄文発信の会、2011.

OECDSTAT、Municipal waste generation and treatment、OECD、2016.

阿部猛、西垣晴次編、日本文化史ハンドブック、東京堂出版、2002.

アル・ゴア、枝廣淳子訳、不都合な真実、ランダムハウス講談社、2007.

アル・ゴア、枝廣淳子ほか訳、アル・ゴア　未来を語る　世界を動かす6つの要因、KADOKAWA、2014.

飯塚浩二、日本人の自然観、自然と社会（p259-339）、飯塚浩二著作集9　危機の半世紀、平凡社、p268-277、1975.

池谷祐幸、桜の観賞と栽培の歴史—野生種から栽培品種への道、森林科学、70、p3-7、2014.2.

石井研士、現代日本人の魂のゆくへ、明治聖徳記念学会紀要、復刊第44号、p181-191、2007(11).

石川英輔、大江戸リサイクル事情、講談社、1994.

磯田道史、徳川がつくった先進国日本、文春文庫、文藝春秋、2017.

伊藤伊兵衛政武、広益地錦抄、生活の古典双書、八坂書房、1983.

伊東俊太郎、日本人の自然観・縄文から現代まで、河出書房新社、1995.

伊藤博 訳注、新版　万葉集　一～四、角川ソフィア文庫、角川学芸出版、2009.

今鷹真、小南一郎、井波律子訳、三国志Ⅱ、世界古典文学全集　第24巻B、筑摩書房、1982.

上田篤、縄文人に学ぶ、新潮新書、新潮社、2013.

宇治谷孟、全現代語訳　日本書紀　上・下、講談社学術文庫、講談社、1988.

梅原猛、日本的自然観と近代文明、梅原猛著作集7　哲学の復興、集英社、1983.

梅原猛、日本の深層、梅原猛著作集6、小学館、2000.

江原絢子、「斐太後風土記」にみる飛弾のくらし、東京家政学院大学紀要、29、p1-15、1989.

大島直行、縄文人の世界観　自然との共生、アイヌ文化の源流を求めて、伊達市噴火湾

あとがき

十年前に会社を辞め教職に転身し、環境について教えることになった。それまでも装置の開発で環境とはかかわっていたが、地球の自然や生態系について、基礎的なことを講義していると、機械や技術といった視点から見ていたものとは違ったものが見えてきた。

すべてのものは「エントロピー増大」という宿命から逃れられない。「秩序ある状態は無秩序な方向に進む」という熱力学の法則である。生物でいえば老化である。宇宙もこの法則には逆らえない。放っておくと地球のエントロピーはどんどん増加する。よい例が月である。巨大衝突説によれば、月は巨大な隕石が地球に衝突し、その破片の一部から誕生したとされ、地球とは兄弟星である。しかし、四十億年経過した現在の月は地球とは全く違った姿をしている。地球では、まず植物や植物プランクトンが太陽からのエネルギーを使ってエントロピーの低い糖やたんぱく質を合成する。それをほかの生物が次々に利用する。生物も何もしないとどんどん老化してエントロピーが増大し、死に至るので、外部から摂取した食物をエネルギーと栄養素に分解し、それを使って新しいものを合成し老化した部分に置き換えている。代謝である。増大に向かおうとする自らのエントロピーを先回りして新しく作り替えることで低い状態を維持している。生物学者の福岡伸一はそれを「動的平衡」と呼んでいる。それでも増加するエントロピーの速さには勝てず、やがて死がおとずれる。地球全体としては、古くなったものを壊す、生物の場合は食べられることで増大したエントロピーを廃棄し、得られた物質とエネルギーを使って新たにものをつくり、エントロピーの低い状態を維持している。山火事で森林が焼失するのも暴風で木がなぎ倒されるのもその一部である。つくっては壊し、壊してはつくることで地球のエントロピーが増大し破局に至るのを防いでいるのだ。そのとき生成した二酸化炭素と水蒸気は大気が上空に運び、最終的に温度が下がりエントロピーが高くなった熱だけを宇宙に捨てている。

「生物は負のエントロピーを食べて生きている」とはオーストリアの物理学者エルヴィン・シュレディンガーの言葉である。生物は自らの分をわきまえ、お互いに共生し、ある時には食物連鎖によって食べられることで地球全体が一つのバランスを保っている。太陽から届いたエネルギーをものに変え、それを生物同士が受け渡しながら地球の中でうまく循環させているのだ。生物の種類が多く多様なほどお互いの接点が多くなりその仕組みは強固で柔軟なものとなる。地球は四十億年かけてその仕組みをつくりあげてきた。その中で、人間だけが分を逸脱し、自然をそして生態系を壊している。人はできるだけ頑丈なものをつくって、増えるエントロピーに対抗しようとする。そして古くなると捨ててしまう。地球の全く逆の発想に会社員時代は気が付かなかった。

もう一つ自然と人との関わりについて考えさせられる出来事があった。東日本大震災である。その時、私は山口県の宇部にいた。テレビで津波にあらわれた宮城県の閖上海岸の光景を見たとき私の中の記憶の一部が削り取られたような衝撃を受けた。私は小学生の頃を宮城県の仙台で過ごした。閖上海岸には両親がよく連れて行ってくれた。きれいな松林と夜には満天に輝く星空が印象に残っている。幼い頃の思い出のひとつだった。その思い出の場所が突然消えたのだ。後になって、その時の衝撃こそが無常観だと実感した。

日本は自然の豊かな国だ。森の木々は四季折々の装いを見せ、木の実や果実など豊かな恵みを提供してくれる。そんな自然も東日本大震災のように時として猛威を振るいすべてを無に帰してしまう。そればかりか多くの人の命まで奪ってしまう。しかし、これも地球の代謝活動の一部である。人の力ではどうすることもできず、天災として無理やり納得するしかない。

島国という限られた空間の中で、そして恵み深いが移り変わりの激しい自然の中で暮らしてきた日本人は自らの分をどのようにわきまえ、自然と関わってきたのだろうか。人と自然との関わり、そしてそこから育まれた風土、文化を辿ってみたい。そんな思いにさせられた出来事だった。

本の出版にあたって、築地書館の土井二郎氏には大変お世話になりました。ここにあらためて厚く御礼申し上げます。

平成三十年十二月

西野順也

【著者紹介】

西野順也（にしの　じゅんや）

1954年宮城県生まれ。

東北大学工学部工学研究科応用化学科博士課程後期修了。工学博士。

石川島播磨重工業（株）［現在（株）IHI］に勤務後、宇部工業高等専門学校物質工学科教授を経て、現在、帝京平成大学健康メディカル学部医療科学科教授。専門は環境化学、環境プロセス工学。

著書に『やさしい環境問題読本——地球の環境についてまず知ってほしいこと』（東京図書出版）、『火の科学——エネルギー・神・鉄から錬金術まで』（築地書館）がある。

日本列島の自然と日本人

2019年3月8日　初版発行

著者　西野順也
発行者　土井二郎
発行所　築地書館株式会社
東京都中央区築地7-4-4-201　〒104-0045
TEL 03-3542-3731　FAX 03-3541-5799
http://www.tsukiji-shokan.co.jp/
振替 00110-5-19057
印刷・製本　シナノ印刷株式会社

ISBN 978-4-8067-1579-5